“十三五”职业教育规划教材

电工技术基础与技能

第2版

主　编　任小平
副主编　刘大威　李志俊
参　编　金象周　朱林钢　桂　丽
　　　　胡　菲　蒋玉美

机械工业出版社

本书依据教育部颁布的《中等职业学校电工技术基础与技能教学大纲》，结合职业资格标准及行业技能鉴定标准编写而成，主要内容包括电工实训用电安全知识、常用电工工具及仪表的认识及使用、导线的连接工艺、照明电路的安装与检修、三相笼型异步电动机的认识、三相异步电动机基本电气控制线路的安装与调试。

本书内容选取紧贴生产实际、与相关职业标准对接，注重学生能力的培养；在编写形式上力求有所创新，以图表作为主要叙述形式，以项目任务为引领，精选了日常生活及生产一线的典型故障检修实例进行剖析，理论和实际紧密结合，实用性强。

本书可作为中等职业学校机电类、电气类等专业的电工实训教材，也可作为相关职业培训以及技术工人岗位培训参考用书。

为方便教学，本书配有电子课件等教学资源，选择本书作为教材的教师可来电（010-88379195）索取，或登录 www.cmpedu.com 网站注册并免费下载。

图书在版编目（CIP）数据

电工技术基础与技能/任小平主编. —2版. —北京：机械工业出版社，2018.5

“十三五”职业教育规划教材

ISBN 978-7-111-59873-2

Ⅰ.①电… Ⅱ.①任… Ⅲ.①电工技术-职业教育-教材 Ⅳ.①TM

中国版本图书馆 CIP 数据核字（2018）第 090607 号

机械工业出版社（北京市百万庄大街 22 号 邮政编码 100037）

策划编辑：赵红梅 责任编辑：赵红梅 责任校对：佟瑞鑫

封面设计：马精明 责任印制：张 博

三河市国英印务有限公司印刷

2018 年 7 月第 2 版第 1 次印刷

184mm×260mm · 12.5 印张 · 301 千字

0001—2000 册

标准书号：ISBN 978-7-111-59873-2

定价：33.00 元

凡购本书，如有缺页、倒页、脱页，由本社发行部调换

电话服务

服务咨询热线：010-88379833

读者购书热线：010-88379649

网络服务

机 工 官 网：www.cmpbook.com

机 工 官 博：weibo.com/cmp1952

教育服务网：www.cmpedu.com

金 书 网：www.golden-book.com

前言

本书是根据教育部颁布的中等职业学校《电工技术基础与技能教学大纲》，针对当前中职教育特点及岗位培训需求而编写的专业基础课配套实训教材。全书分为六个项目：电工实训用电安全知识、常用电工工具及仪表的认识及使用、导线的连接工艺、照明电路的安装与检修、三相笼型异步电动机的认识、三相异步电动机基本电气控制线路的安装与调试，重点强调学生自主学习和创新能力、实践能力的培养。本书以培养学生实践能力为主线，参考电工职业资格的考核要求，采用从易到难、循序渐进的编写顺序，力求使学生在实训过程中做到好操作、易学习，使学生能够运用所学知识分析和解决在后续专业课及生产、生活中出现的电工技术方面的问题，具备从事本专业必需的电工通用技术基本知识、基本方法和基本技能，为提高全面素质、形成综合职业能力打下基础。

本书总教学学时数为120，各部分内容的学时分配建议如下：

序号	项目	任务	学时分配	建议
1	项目1　电工实训用电安全知识	任务1　认识电工实训室	2	在技能教室、实训室组织教学，做中学、做中教、教学做合一
2		任务2　认识并防范电气触电	4	
3		任务3　认识并防范电气火灾	4	
4	项目2　常用电工工具及仪表的认识及使用	任务1　低压验电器、螺钉旋具和电工刀的认识及使用	4	
5		任务2　电工钳、活扳手和冲击钻的认识及使用	4	
6		任务3　电工登高梯子的认识及使用	2	
7		任务4　万用表的认识及使用	4	
8		任务5　绝缘电阻表的认识及使用	2	
9		任务6　钳形电流表的认识及使用	2	
10	项目3　导线的连接工艺	任务1　导线绝缘层的剖削	4	
11		任务2　导线的连接	4	
12		任务3　导线绝缘层的恢复	2	
13	项目4　照明电路的安装与检修	任务1　白炽灯电路的安装与检修	6	
14		任务2　荧光灯电路的安装与检修	6	
15		任务3　家庭照明电路的安装与检修	6	
16	项目5　三相笼型异步电动机的认识	任务1　三相笼型异步电动机的结构与拆装	4	
17		任务2　三相笼型异步电动机的铭牌识读	2	

（续）

序号	项目	任务	学时分配	建议
18	项目 5 三相笼型异步电动机的认识	任务 3 三相笼型异步电动机的联结方式与绕组	4	在技能教室、实训室组织教学，做中学、做中教、教学做合一
19	项目 6 三相异步电动机基本电气控制线路的安装与调试	任务 1 认识常用低压电器	4	
20		任务 2 三相异步电动机点动控制线路的安装与调试	6	
21		任务 3 三相异步电动机自锁控制线路的安装与调试	8	
22		任务 4 三相异步电动机正反转控制线路的安装与调试	10	
23		任务 5 三相异步电动机位置控制与自动往返控制线路的安装与调试	6	
24		任务 6 三相异步电动机顺序控制与多地控制线路的安装与调试	6	
25		任务 7 三相异步电动机星形/三角形降压起动控制线路的安装与调试	8	
26		任务 8 电动机基本控制线路故障检修的一般步骤和方法	6	
合计			120	

本书由安徽省当涂县职业教育中心任小平任主编、安徽工程技术学校刘大威和安徽省滁州市机电工程学校李志俊任副主编，安徽省滁州市机电工程学校金象周、安徽省全椒县职业教育中心朱林钢、安徽能源技术学校桂丽和蒋玉美、安徽工程技术学校胡菲参与编写。本书所有编写人员均为具有丰富教学经验的一线“双师型”教师，其中项目一由桂丽、蒋玉美编写；项目二~项目四由任小平编写；项目五由刘大威、胡菲编写；项目六由李志俊、金象周和朱林钢编写。全书由任小平负责统稿，并做了很多重要的修改与补充。本书的编写得到了安徽省当涂县职业教育中心、安徽工程技术学校、安徽能源技术学校、安徽省滁州市机电工程学校和安徽省全椒县职业教育中心的大力支持，在此一并表示感谢。

由于编者水平有限，书中疏漏之处在所难免，恳请广大读者批评指正。

编　者

目 录

前 言

项目 1 电工实训用电安全知识 …… 1

任务 1 认识电工实训室 …… 1

任务 2 认识并防范电气触电 …… 6

任务 3 认识并防范电气火灾 …… 19

项目 2 常用电工工具及仪表的认识及使用 …… 24

任务 1 低压验电器、螺钉旋具和电工刀的认识及使用 …… 24

任务 2 电工钳、活扳手和冲击钻的认识及使用 …… 31

任务 3 电工登高梯子的认识及使用 …… 38

任务 4 万用表的认识及使用 …… 45

任务 5 绝缘电阻表的认识及使用 …… 53

任务 6 钳形电流表的认识及使用 …… 58

项目 3 导线的连接工艺 …… 62

任务 1 导线绝缘层的剖削 …… 62

任务 2 导线的连接 …… 66

任务 3 导线绝缘层的恢复 …… 73

项目 4 照明电路的安装与检修 …… 77

任务 1 白炽灯电路的安装与检修 …… 77

任务 2 荧光灯电路的安装与检修 …… 88

任务 3 家庭照明电路的安装与检修 …… 97

项目 5 三相笼型异步电动机的认识 …… 109

任务 1 三相笼型异步电动机的结构与拆装 …… 109

任务 2 三相笼型异步电动机的铭牌识读 …… 121

任务 3 三相笼型异步电动机的联结方式与绕组 …… 124

项目 6 三相异步电动机基本电气控制线路的安装与调试 …… 128

任务 1 认识常用低压电器 …… 129

任务 2 三相异步电动机点动控制线路的安装与调试 …… 143

任务 3 三相异步电动机自锁控制线路的安装与调试 …… 149

任务 4 三相异步电动机正反转控制线路的安装与调试 …… 154

任务 5 三相异步电动机位置控制与自动往返控制线路的安装与调试 …… 160

任务 6 三相异步电动机顺序控制与多地控制线路的安装与调试 …… 168
任务 7 三相异步电动机星形/三角形降压起动控制线路的安装与调试 …… 177
任务 8 电动机基本控制线路故障检修的一般步骤和方法 …… 185
参考文献 …… 191

项目1

电工实训用电安全知识

情景导入

奇瑞是一个喜欢观察、热爱思考的孩子，知道电很危险，也很有用，生活中处处离不开电。有一次，教室里的照明灯坏了，电工师傅来修理时，他看到电工师傅没有带任何防护工具，也没有断电，而是站在木桌上，直接用一只手把还能产生电火花的脱落导线接了起来，灯立刻亮了。这件事情使奇瑞很疑惑，暗想电工师傅是不是违反了电工操作规程，他又为什么没有触电呢？

知识目标

（1）认识电工实训室，了解电工实训室的电源配置；
（2）认识交直流电源、基本电工仪器仪表及常用电工工具；
（3）掌握电工实训安全操作规程，树立安全的职业意识；
（4）掌握触电的现场处理措施；
（5）掌握电气火灾的处理方法。

技能目标

（1）激发学生学习电工电子技术的兴趣；
（2）培养安全用电与规范操作的职业素养；
（3）锻炼学生安全用电的技能；
（4）学会触电急救知识；
（5）学会正确使用灭火器。

任务1　认识电工实训室

每个学校都有电工实训室，大多数实训室配备成套设备，有若干个工位，并配备了元器件与工具仪表。本任务主要带领学生熟悉电工实训室布局、设备设施，以及在实训操作中必须注意的安全操作事项。让学生先认识常用工具仪表外部特征，有一定的感性认识后再了解

其简单用途。

知识储备

1. 直流电源与交流电源

电源是一种提供电能的装置，它可以将其他形式的能转换成电能。一般分为直流电源（DC Power）和交流电源（AC Power）。直流电源有正、负两个电极，正极的电位比负极高，当两个电极与外电路接通后，在外电路中形成由正极到负极的单向电流。直流电源一般是指化学电源（图 1-1）和直流稳压电源（图 1-2）。化学电源是指我们平常所用的干电池、铅酸蓄电池、镍镉电池、镍氢电池、锂离子电池等。直流稳压电源指能为负载提供稳定直流电源的电子装置。

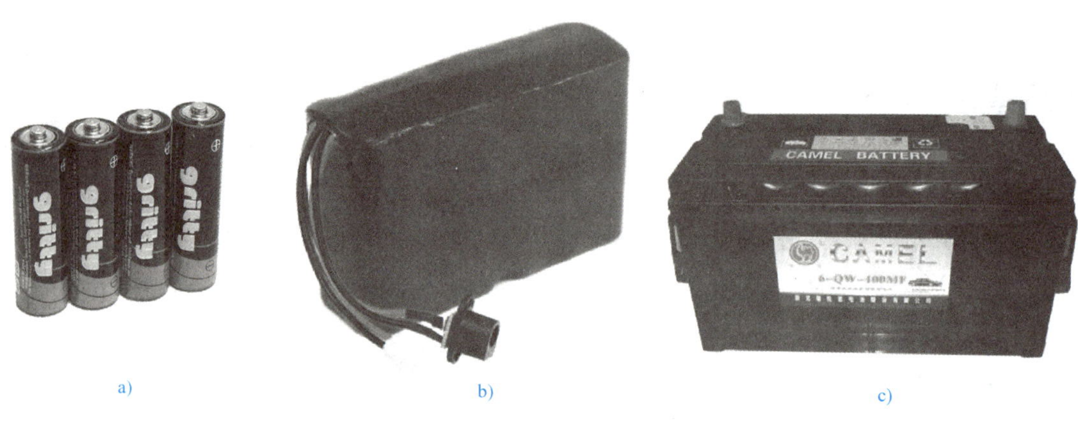

a)　b)　c)

图 1-1　化学电源

a）干电池　b）锂电池　c）蓄电池

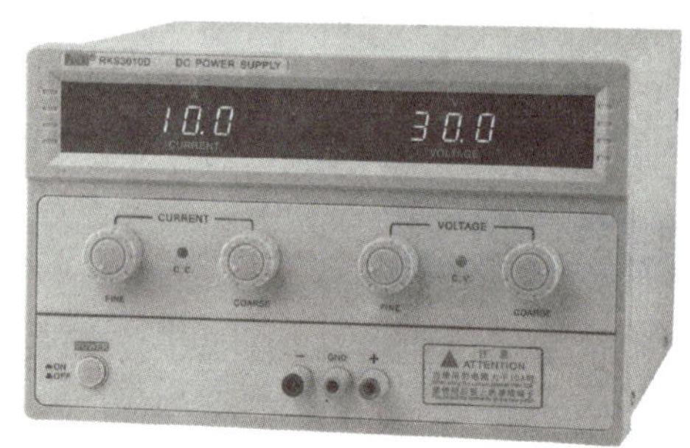

图 1-2　直流稳压电源

下面将着重介绍实训室常用的干电池：普通锌锰干电池（又称碳性电池）和碱性干电池。碱性干电池比普通锌锰干电池性能好，电容量大，万用表、电子钟表、遥控器等电子设备通常选用碱性干电池。普通锌锰干电池价格低，但存在漏液损坏电器的危险，而碱性电池不会漏液。

小知识：

普通锌锰干电池是以锌皮外壳为负极，石墨棒为正极，用二氧化锰作为极化反应剂制成的，锌皮外壳参与化学反应，因此在电池快要用完时锌皮外壳就会慢慢变薄，导致发生漏液现象。碱性干电池将作为负极的锌皮做到电池的内部，成为锌棒，钢制的外壳作为正极不参与化学反应，因此不会漏液。

交流电源没有正、负极之分，因为它两极的电位时刻在作周期性变化，当与外电路接通后，在电路中会形成一个交变的双向电流。交流电源一般是指电网直接提供的交流电源和交流稳压电源，如图 1-3 所示。

实训中所用的380V/220V三相四线制交流电源就是由电网直接提供的，家用交流电源只是三相电源中的一相，也是由电网直接提供的。电网电能来源于发电厂（水电厂、火电厂、核电厂等）的发电机组。

交流稳压电源是指能为负载提供稳定交流电源的电子装置，又称为交流稳压器。各种电子设备要求有相对稳定的交流电源供电，尤其当计算机技术应用到各个领域后，采用由交流电网直接供电而不采取任何措施的方式已不能满足需要。

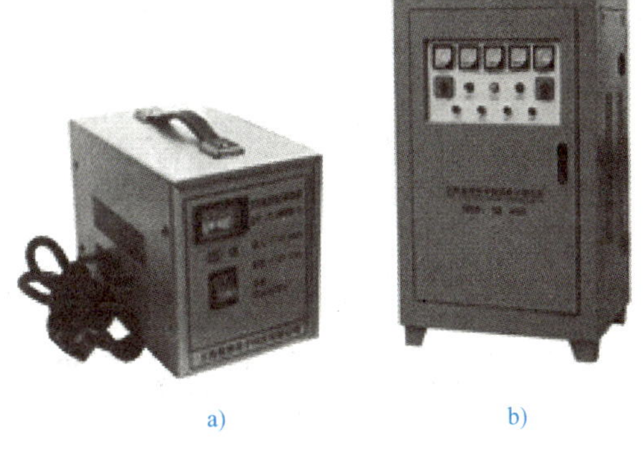

a) b)

图1-3 交流稳压电源

a）单相交流稳压电源 b）三相交流稳压电源

2. 强电与弱电

电的利用是第二次工业革命的主要标志，从此人类社会进入电气时代。人们习惯把电分为强电和弱电两部分，两者既有区别又有联系。

强电的处理对象是能源（照明、动力等），强电常常表现为高电压、大电流、大功率、低频率、强电场，例如：6kV高压电动机供电线路属于强电，我们要考虑的问题是电能在传输时如何减少损耗、提高效率。

弱电的处理对象主要是信息（通信、监控、数据等），弱电常常表现为低电压、小电流、小功率、高频率，例如：电话线路属于弱电，我们考虑的主要是信息传送的质量，如信息传送的保真度、速度、可靠性等问题。

3. 电工实训室安全技术操作规范

（1）学生进入实训室后，要服从指导教师安排，进入指定的工位，不得私自调换工位，未经同意，不得擅自动用设备与工具。

（2）实训前学生应仔细阅读实训指导书，熟悉实训项目所需的电气元器件及回路情况。做好一切准备工作，将所需的工具和仪表放在合适的地方，不得随意堆放。

（3）工作前应详细检查自己所用工具是否安全可靠，穿戴好必要的防护用具，以防工作时发生意外。

（4）室内的任何电气设备，未经验电，一般视为有电，不准用手触及。接通电源前，对设备要认真检查，要注意工具或仪表引线有无破损、漏电、短路等现象，发现损坏或其他故障应停止使用并立即报告老师。

（5）实训操作时，注意力要高度集中，不准做任何与实训无关的事，严禁擅自使用总开关与其他用电设备。

（6）不允许学生将主电控柜电源合闸，应在线路接完仔细检查后由指导教师合闸，严禁带电接线，严禁用手和工具接触带电部分，必须遵守先接线、后合电源开关的原则。拆线前要先切断电源，严禁违章操作。

（7）如果发现异常现象（发出声响、发热、发臭），应立即切断电源，报告指导教师。

（8）测量直流电压时，要注意万用表表笔的极性不能接反，否则将烧坏其表头。当不能估计电流和电压数值时，要用最大量程测量一次，再使用准确量程进行测量。

（9）仪器、仪表要轻拿轻放，以免损坏。在使用仪器、仪表测量或调试过程中，不得随意扳动开关和旋钮，以免损坏。

（10）使用低压验电器时，要注意测试电压范围，禁止超范围使用。电工人员一般使用的电笔只允许在500V以下电压使用。

（11）工作中有拆除的电线要处理好。带电线头要包好，以防发生触电。

（12）所用导线及熔丝，其容量大小必须合乎规定标准，必须大于所控制设备的总容量。

（13）发生火警时，应立即切断电源。未切断电源时，严禁用水和泡沫灭火器灭火，应使用不导电的灭火剂灭火，如四氯化碳灭火器、1211灭火器和干粉灭火器等。

技能训练　认识电工实训室

参观实训室（图1-4），对实训室布局、设备设施有一个初步印象。每个工位的实训操作台是由台面（有时兼作电工实训线路板用，上面有孔，可以插接元件、组合实训电路）、电源控制箱、元件箱、实验挂箱等组成。电源控制箱，一般配有保护装置和指示仪表，可以提供实训中所需要的多种不同的交、直流电压，这是实训室主要设备之一。

结合学校实训室，观察和记录实训台能够提供的三相交流电压数值、单相交流电压数值、直流电压数值及可调范围。

图1-4　电工实训室

在实训前，实训人员必须预习并熟悉相关实训内容：

（1）遵守安全用电制度，未经许可不得随意合闸送电。进行强电操作时，在没有确认无电前，不要触摸任何电气设备，以确保人身和设备安全。

（2）使用仪器仪表时，应先看使用说明，然后再按要求进行操作；电气元件、挂件应轻拿轻放，取下的元件、挂件应及时对号入柜。

（3）在实训中，若发现设备有故障，应通知指导老师，以便及时维修。

（4）实训人员应科学合理地使用原材料，避免铺张浪费。

（5）实训完成后，应关掉电源，将仪器仪表摆放整齐，连线取下放入抽屉，经指导老师允许后方可离开。

一、训练工具、仪表及器材

训练工具、仪表及器材见表 1-1。

表 1-1　训练工具、仪表及器材

分　类	名　称	数　量
工具	低压验电器	1 支
仪表	MF47 型万用表	1 块
器材	实训台各电源模块	1 只
	导线	若干
	实验挂箱	若干

二、训练内容

(1) 实训台送、停电操作流程；
(2) 熟悉实训台操作面板；
(3) 实训室安全操作规范。

三、训练步骤

1. 实训台送、停电操作流程

(1) 闭合实训台总低压断路器，打开遥控器。

(2) 操作遥控器：

① “实训台号+. ON/OFF”：打开/关闭实训台分低压断路器。

② “0+. ON/OFF”：全打开/全关闭各实训台分低压断路器。

2. 熟悉实训台操作面板

(1) 观察实训台操作面板，其由五个部分组成，依次为：总电源→直流电源→单相交直流可调电源→交流电源→智能电压表和电流表。

(2) 合上实训台断路器，打开各模块电源开关，用万用表测量相应输出端子的值并记录。

(3) 观察实验挂箱的元器件及接线端子，并连接简单电路。

温馨提示：送、停电操作顺序是相反的。送电时先开大功率设备开关，停电时先关小功率设备（用电器）开关。

3. 实训室安全操作规范

(1) 正确操作，按电路图接线，元件连接要牢固，爱护元件、仪表，避免造成事故。

(2) 连接线路后认真检查，确认电路无误经老师允许后方可接通电源。

(3) 拆除或改动线路时，务必断开电源，严禁带电操作。

(4) 实训结束，实验电路断电，关闭实训台电源，拆除电路，元器件及连接导线放回原处。

(5) 明确电工实验实训室操作规程，树立规范操作的职业意识。

温馨提示：如出现异常情况，应立即切断电源，并报告指导老师检查故障原因。

四、任务评价

电工实训室的认识评价见表 1-2。

表 1-2　电工实训室的认识评价

班级			学号		姓名		
序号	评价内容	配分	评分标准	评价结果/分			综合得分
				自评	小组评	教师评	
1	实训台停、送电操作步骤	20	（1）不能正确送电，错一步扣 5 分； （2）不能正确停电，错一步扣 5 分				
2	熟练操作实训台控制面板、实验挂箱	30	不能正确连接电路并达到一定的工艺，每步错误扣 10 分				
3	熟练使用低压验电器	30	（1）不能规范操作低压验电器，扣 10 分； （2）不能在实验台上正确验电，每处错误扣 5 分				
4	同组协作	20	互相帮助、共同学习				
6	安全文明生产	只扣分，不加分	（1）发生安全事故，扣 10 分； （2）材料摆放零乱，扣 5 分； （3）实训结束后，工具不归位，扣 5 分				
合计							
学生在任务完成过程中遇到的问题记录：							

温馨提示：安全文明生产实施倒扣分，即只扣分，不加分；其他项目扣分，错误一项扣一项分，但不超过其配分。

任务 2　认识并防范电气触电

第一起触电死亡事故于 1879 年在法国里昂一家剧院发生，开启了人们对电击和安全电流的研究历史。虽然在日常生活工作中，人们采取了一系列安全检查措施，但也只能减少触电事故的发生，而无法避免触电事故的发生。因为人们的一时疏忽大意，或客观上电气绝缘性能降低导致漏电，以及架空线路发生断线等意外情况，仍然会造成触电事故。

知识储备

1. 电流对人体的伤害作用

触电事故是人体触及带电体而发生的事故，其实质是电流流过人体时，对人体产生的生理和病理的伤害。电流对人体的伤害方式有电伤和电击两种，见表 1-3。

表 1-3　电流对人体的伤害方式

伤害方式	示意图	说　明
电伤		电伤是指电流的热效应、化学效应、机械效应以及电流本身作用下造成的人体外伤。常见的有灼伤、烙伤和皮肤金属化等现象
电击		电击是指人体与电源直接接触后电流进入人体，造成机体组织损伤和功能障碍，临床上除表现在电击部位的局部损伤，尚可引起全身性损伤，主要是心血管和中枢神经系统的损伤，严重的可导致心跳、呼吸停止

2. 影响人体触电伤害程度的因素

实践证明，电流对人体的伤害程度与通过人体的电流大小、通电时间长短、电流流过人体的途径、电流的种类以及触电者的身体状况等多种因素有关，见表 1-4。

表 1-4　影响人体触电伤害程度的因素

序号	因　素	说　明
1	电流的大小	电流的大小直接影响人体触电的伤害程度。不同的电流会引起人体不同的反应。根据人体对电流的反应，习惯上将触电电流分为感知电流、摆脱电流和致命电流
2	通电时间长短	人体触电时间越长，电流对人体产生的热伤害、化学伤害及生理伤害越严重。一般情况下，工频电流为 15~20mA 以下及直流电流为 50mA 以下，对人体是安全的。但如果触电时间很长，即使工频电流为 8~10mA，也可能使人致命
3	电流流过人体的途径	电流流过人体途径，也是影响人体触电严重程度的重要因素之一。当电流通过人体心脏、脊椎或中枢神经系统时，危险性最大。电流通过人体心脏，引起心室颤动，甚至使心脏停止跳动。电流通过背脊椎或中枢神经，会引起生理机能失调，导致窒息死亡。电流通过脊髓，可能导致截瘫。电流通过人体头部，会造成昏迷等
4	电流的种类	直流电流和交流电流对人体都有伤害作用。实验证明：同样大小的交流电流要比直流电流对人体的伤害严重得多；对于同样大小的交流电来说，25~300Hz 的交流电对人体的伤害最严重
5	触电者的身体状况	电流对人体的伤害作用与性别、年龄、身体及精神状态有很大的关系。一般地说，女性比男性对电流敏感，小孩比大人敏感

3. 人体触电的方式

人体触电的方式有很多，按照人体触及带电体的方式和电流通过人体的途径，触电可分为单相触电、两相触电和跨步电压触电三种方式，见表 1-5。

表 1-5　人体触电的方式

触电方式	示意图	说　明
单相触电		单相触电是指当人体接触带电设备或线路中的某一相导体时，一相电流通过人体经大地回到中性点
两相触电	L1 L2 L3	人体的两处同时触及两相带电体的触电事故，这时人体承受的是 380V 的线电压，其危险性一般比单相触电大。人体一旦接触两相带电体时电流比较大，轻微的会引起触电烧伤或导致残疾，严重的可以导致触电死亡，而且两相触电使人触电死亡的时间只有 1~2s
跨步电压触电		跨步电压触电是指电气设备发生接地故障时，在接地电流入地点周围电位分布区行走的人，其两脚之间的电压不等而引起的触电事故

温馨提示：当我们途经高压线塔导线断落地面时，应绕道而行。如果无法绕道，必须经过此地，应赶快把双脚并在一起，然后马上用一条腿或两条腿并拢跳离危险区。

4. 触电事故的防范

电力不仅是国民经济不可缺少的重要能源之一，也是现代家庭生活离不开的能源。如果不懂得安全用电常识，忽视用电安全，就会造成触电、电气火灾、电气损坏等意外事故。因此，安全用电就显得非常重要，触电事故防范的基本常识见表 1-6。

此外，还要认识安全色标，国家标准规定的安全色标有红、蓝、黄、绿四种颜色，见表 1-7。

为了防止电气设备的绝缘损坏出现金属外壳带电的故障（称为漏电）而导致人体间接触电事故，通常给设备的金属外壳采用保护接地、漏电保护等措施，见表 1-8。

表 1-6　触电事故防范的基本常识

序号	示意图	说明
1		认识电源总开关，学会在紧急情况下断开电源总开关
2		家里各种电器的插头不要随便插拔，防止触电事故发生。移动台灯、收音机、电视机等电器时，必须先断开电源，然后再移动
3		不用手或导电物（如铁丝、钉子、别针等金属制品）去接触、探试电源插座内部
4		打扫卫生的时候，不要用湿布擦抹开关、电灯和家用电器，不用湿手扳开关、换灯泡，插、拔插头

（续）

序号	示意图	说明
5	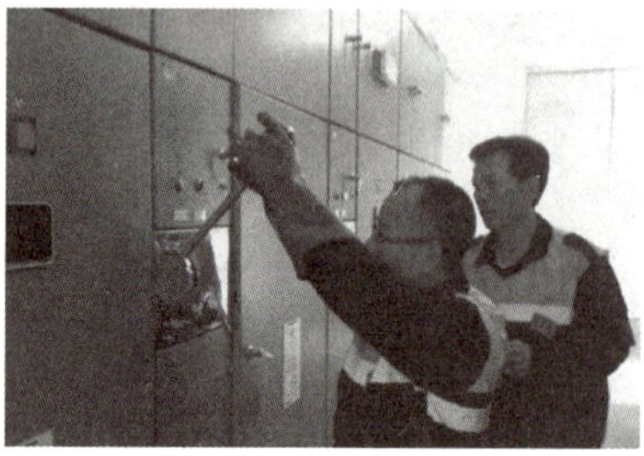	遇到电路故障，发生断电情况时，要先关断电源，再进行检修。电气设备不要乱拆、乱装，更不要乱接电线
6	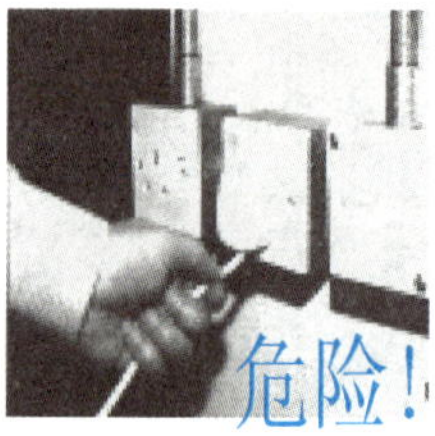 危险！	电器使用完毕后应拔掉电源插头；插拔电源插头时不要用力拉拽电线，以防止电线的绝缘层受损造成触电；电线的绝缘皮剥落时，要断电后及时更换新线或者用绝缘胶布包好
7	 相线　中性线	用电器的金属外壳一定要接地，可以通过三孔插座和三脚插头方便地把用电器的金属外壳接地。三孔插座接电源的方式为：右孔接相线，左孔接中性线，上边孔接地线
8		发现有人触电要设法及时关断电源；或者用干燥的木棍等物将触电者与带电的电器分开，不要徒手直接救人，以防触电

表 1-7　国家标准规定的安全色

序号	颜色	示意图	说　明
1	红色		红色表示禁止、停止、消防
2	蓝色		蓝色表示指令、必须遵守的规定
3	黄色	村庄标志　注意落石标志　注意落石标志	黄色表示警告、注意
4	绿色		绿色表示指示、安全状态、通行

表 1-8　防止间接触电的典型保护措施

序号	保护措施	示意图	作用
1	保护接地		将正常情况下不带电，而在绝缘材料损坏后或其他情况下，将可能带电的电气设备金属部分(即与带电部分相绝缘的金属结构部分)用导线与接地体可靠连接起来的一种保护接线方式

（续）

序号	保护措施	示意图	作用
2	保护接零（保护接地）		在正常情况下把电气设备不带电的外露可导电金属部分与电网的 PEN 进行连接
3	漏电保护		漏电保护器的作用：一是在电气设备（或线路）发生漏电或接地故障时，能在人尚未触及之前就把电源切断；二是当人体触及带电体时，能在 0.1s 内切断电源，从而减轻电流对人体的伤害程度

为了防止间接触电事故，除了采取保护接地、保护接零和漏电保护措施以外，还可以采取等电位连接、不导电环境及电气隔离等防护技术。

5. 触电后的紧急措施

触电事故具有偶然性、突发性的特点，令人猝不及防。如果延误时机，死亡率是很高的。通过研究发现，触电后 1min 内进行抢救的，救活率达 90%；6min 内进行救治的，救活率仅为 10%；12min 以后救治的，救活率则几乎为 0。因此，当发现身边有人触电时，应立即使触电者迅速脱离电源，然后进行现场救治。

现场抢救触电者应遵循“迅速、就地、准确、坚持”八字方针。

迅速——争分夺秒，使触电者尽快脱离电源。

就地——千万不要长途送往医院抢救，以免耽误抢救时间。应在现场施行正确抢救的同时，派人通知医护人员到现场，并做好将触电者送往就近医院的准备工作。

准确——对症救治，并且抢救动作必须准确。

坚持——只要有百分之一的希望，就要尽百分之百的努力去抢救。

触电者脱离电源后，必须对其进行现场诊断，经过诊断后的触电者，一般可按表 1-9 所示情况分别进行处理。

表 1-9　触电后的紧急处理

诊断情况	示意图	处理方法
触电者神志清醒，但是心慌无力，甚至于四肢麻木、恶心或呕吐		将触电者移到空气流通的地方休息1~2h，让其慢慢恢复正常，并注意观察。情况严重时，应小心送往医疗部门，请医护人员检查治疗
触电者呼吸、心跳尚在，但神志不清、昏迷		应使触电者舒适、安静地平卧，保持周围空气流通，疏散周围拥挤人群，解开触电者衣扣以利于呼吸，并注意保暖。同时迅速通知医生诊治，现场做好人工呼吸和心脏挤压的准备工作
触电者神志不清，处于昏迷、昏死状态，心跳停止或呼吸停止，甚至两者全停		对于有心跳而无呼吸的触电者，应采用口对口人工呼吸法
		对于有呼吸而无心跳的触电者，应采用胸外心脏挤压法
		当触电者呼吸与心跳均已停止，出现“假死”现象时，应使用口对口人工呼吸法与胸外心脏挤压法交叉进行抢救。先吹气3~4次，再挤压7~8次

温馨提示：在现场救护中，要每隔数分钟用“看、听、试”方法再判定一次触电者的呼吸和脉搏情况，每次判定时间不得超过 5～7s。只有医生才有权宣布抢救无效，认定触电者已死亡，否则就应本着人道主义精神，坚持不懈地运用口对口人工呼吸法或胸外心脏挤压法对触电者进行抢救。

技能训练　触电急救方法

一、训练工具及器材

模拟橡皮人 1 个或两位同学一组（其中一个人充当触电者，另一个人作为抢救者）、秒表 1 块。

二、训练内容

（1）在模拟的低压触电现场，让学生模拟被触电的各种情况，要求学生两人一组选择正确的绝缘工具，使用安全快捷的方法使触电者脱离电源；

（2）将已脱离电源的触电者按急救要求放置，学习对不同触电情况的救治判断办法；

（3）“口对口人工呼吸法”模拟训练；

（4）“胸外心脏挤压法”模拟训练。

三、训练步骤

1. 使触电者脱离低压电源的方法

脱离低压电源的方法可用“拨”、“拉”、“切”、“拽”四个字来概括，见表 1-10。

表 1-10　脱离低压电源的方法

脱离方法	示意图	说　明
拨	 先把电线拨开再救！	如果导线搭落在触电者的身上或被压在身下，这时可用具有良好绝缘性的物品将触电者身上的导线拨开，使之脱离电源
拉	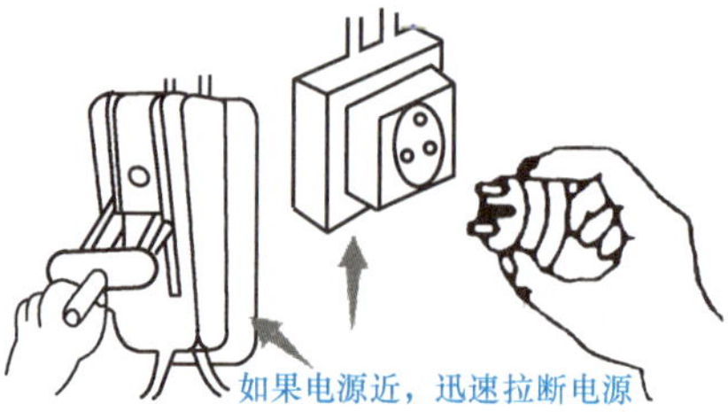 如果电源近，迅速拉断电源	就近拉开电源开关、拔出插头或瓷插式熔断器。此时应注意开关是单极的，只能断开一根导线。有时由于安装不符合规程要求，把开关安装在中性线上，这时虽然开关断开了，搭落在触电者身上的导线仍然带电，就不能认为已切断电源

（续）

脱离方法	示意图	说明
切		当电源开关、插座或瓷插式熔断器距离触电现场较远时，可用带有绝缘柄的电工钳或有干燥木柄的斧头、铁锨等利器将单根电源线切断
拽		站在干燥的木板上，或戴绝缘手套或裹着干燥衣物，一只手去拉触电者的干燥衣服，使触电者脱离电源

温馨提示：触电者未脱离电源前，救护人不得直接触及触电者的皮肤和潮湿的衣服。

2. 对触电者进行现场诊断的方法

触电者脱离电源后，必须对其进行现场诊断，方法见表1-11。

表1-11 对触电者进行现场诊断的方法

诊断方法	示意图	说明
一看		看触电者的胸部、腹部有无呼吸起伏动作
二听		用耳贴近触电者的口鼻处，听听有无呼气声音
三试		用手测试口鼻有无呼出的气流，再用两手指轻试一侧（左或右）喉结旁凹陷处的颈动脉有无搏动

温馨提示：检查颈动脉不可用力压迫，避免刺激颈动脉窦使得迷走神经兴奋反射而引起心跳停止，并且不可同时触摸双侧颈动脉，以防止阻断脑部血液供应。

3. “口对口人工呼吸法”模拟训练

口对口人工呼吸法救治步骤及口诀见表1-12。

表1-12　口对口人工呼吸法救治步骤及口诀

步骤	示意图	口诀	说明
第一步		人仰卧	使触电者平直仰卧
第二步		清口腔	将触电者的头偏向一边，打开其嘴，用手指清除口内的假牙、血块和呕吐物
第三步		鼻孔朝天头后仰	让触电者鼻孔朝着天，头部尽量向后面仰
第四步		松衣领，解衣扣，预防气流不通畅	松开衣领，解开紧身衣扣，放松裤带，使其呼吸畅通；
第五步		紧捏鼻	施救者在触电者的一边，用接近其头部的一只手紧捏触电者的鼻子（以防漏气），另一只手托住触电者的下颌
第六步		贴嘴吹	施救者先深吸一口气，然后用嘴紧贴触电者的嘴大口吹气，同时观察触电者的胸部是否隆起

（续）

步骤	示意图	口诀	说明
第七步		吹二（秒）放三为适当	对嘴吹 2s 后，把嘴移开，并放开捏鼻子的手，使触电者自动向外呼气 3s，同时观察触电者的胸部复原情况
第八步		依次进行不能停，直至呼吸复正常	以上步骤应循环进行，直至触电者的呼吸恢复正常为止

温馨提示：如果病人口腔有严重外伤或牙关紧闭，可对其鼻孔吹气（必须堵住口），即为口对鼻人工呼吸法，其方法类同口对口人工呼吸法。

4. “胸外心脏挤压法”模拟训练

胸外心脏挤压法救治步骤及口诀见表 1-13。

表 1-13　胸外心脏挤压法救治步骤及口诀

步骤	示意图	口诀	说　明
第一步		人仰卧，硬地床	将触电者仰卧在硬板上或地面上。不能卧在软床上或为其垫上厚软物件，否则会抵消挤压效果
第二步		让头尽量向后仰	让触电者的头部尽量向后面仰（如果有条件可以用一个枕头垫在触电者的颈下）
第三步		松开衣扣解裤带	解开衣领，松开紧身衣着，放松裤带

（续）

步骤	示意图	口诀	说　明
第四步		跪在伤者胯两旁	施救者跪在触电者臀部左右位置
第五步		中指对凹膛，当胸一手掌	左手（或右手）中指指尖对准颈根凹膛下边缘，手指向上，当胸一手掌
第六步		两手叠放乳头间，掌根挤压用力量	另一只手叠放在手背上面，掌根按住触电者胸骨以下横向1/2处，即两个乳头边线中间稍偏下方，肘关节伸直，依靠体重和臂肩部肌肉的力量垂直向脊柱方向慢慢压迫胸骨下段
第七步		胸陷一寸到寸半，每秒一次为适当	使胸廓下陷3~5cm，心脏受压，心室血液压出流至触电者全身各部位。双掌突然放松，依靠胸廓自身的弹性，使胸腔复位，让心脏舒张，血液流回心室，最好是1s一次
第八步		掌根抬时莫离身，直至心跳复正常	施救者的掌根抬起来时，其手不能离开触电者的胸膛，重复进行以上操作，坚持不可中断，直到触电者苏醒

四、任务评价

触电急救方法评价见表1-14。

表 1-14　触电急救方法评价表

<table>
<tr><td>班级</td><td></td><td>学号</td><td></td><td>姓名</td><td colspan="4"></td></tr>
<tr><td rowspan="2">序号</td><td rowspan="2">评价内容</td><td rowspan="2">配分</td><td rowspan="2">评分标准</td><td colspan="3">评价结果/分</td><td rowspan="2">综合得分</td></tr>
<tr><td>自评</td><td>小组评</td><td>教师评</td></tr>
<tr><td>1</td><td>使触电者脱离低压电源的方法</td><td>20</td><td>四种方法，每处错误扣 5 分</td><td></td><td></td><td></td><td></td></tr>
<tr><td>2</td><td>对触电者进行现场诊断的方法</td><td>20</td><td>四种方法，每处错误扣 5 分</td><td></td><td></td><td></td><td></td></tr>
<tr><td>3</td><td>“口对口人工呼吸法”模拟训练</td><td>20</td><td>“口对口人工呼吸法”八步，每步错误扣 2.5 分</td><td></td><td></td><td></td><td></td></tr>
<tr><td>4</td><td>“胸外心脏挤压法”模拟训练</td><td>20</td><td>“胸外心脏挤压法”八步，每步错误扣 2.5 分</td><td></td><td></td><td></td><td></td></tr>
<tr><td>5</td><td>同组协作</td><td>20</td><td>互相帮助、共同学习</td><td></td><td></td><td></td><td></td></tr>
<tr><td>6</td><td>安全文明生产</td><td>只扣分，不加分</td><td>（1）发生安全事故，扣 10 分；
（2）材料摆放零乱，扣 5 分；
（3）实训结束后，工具不归位，扣 5 分</td><td></td><td></td><td></td><td></td></tr>
<tr><td colspan="4">合计</td><td></td><td></td><td></td><td></td></tr>
<tr><td colspan="8">学生在任务完成过程中遇到的问题记录：</td></tr>
</table>

温馨提示：安全文明生产实施倒扣分，即只扣分，不加分；其他项目扣分，错一项扣一项分，但不超过其配分。

任务 3　认识并防范电气火灾

据统计，2017 年 1~10 月全国共接报火灾 21.9 万起，造成 1065 人死亡、679 人受伤，直接财产损失 26.2 亿元。从已查明原因的火灾看，有 7.4 万起火灾是由于违反电气安装使用规定引发的，占总数的 33.6%。由此可见，电气火灾在当前已经成为我国各种火灾中的主要灾害源。

知识储备

1. 电气火灾的特点

电气火灾与一般性火灾相比，有以下三个特点：

（1）发生电气火灾时，除了损坏财产、破坏建筑物、导致人员伤亡外，还将造成大范围、长时间的停电，给国计民生带来更大的损失。

（2）发生电气火灾时，电气装置可能仍然带电，且因电气绝缘损坏或带电导线断落等发生接地短路事故，在一定范围内存在着危险的接触电压和跨步电压，灭火时如不注意或未采取适当的安全措施，会引起触电伤亡事故。

（3）有些电气设备本身充有大量的油，例如变压器，受热后有可能喷油，甚至爆炸，造成火灾蔓延并危及救火人员的安全。

温馨提示：发生电气火灾前都有一种征兆，要特别引起重视，就是电线因过热首先会烧焦绝缘外皮，散发出一种烧胶皮、烧塑料的难闻气味。所以，当闻到此气味时，应首先想到可能是电气方面原因引起的，如查不到其他原因，应立即拉闸停电，直到查明原因，妥善处理后，才能合闸送电。

2. 电气火灾产生的一般原因

（1）线路短路、过载、接触不良；

（2）电气设备散热不良、铁心发热；

（3）电火花和电弧以及静电放电；

（4）电热和照明设备使用时不注意安全要求。

3. 电气火灾的防范措施

（1）提高电气工作人员的安全素质，使之懂得电气装置在安装、使用、维护过程中的安全要求。广泛宣传安全用电和电气防火知识，使人们掌握安全用电和电气火灾扑救方面的基本知识。

（2）电气设备和线路设计要合理，安装要可靠，使用要遵守规章，维护要及时，发现火灾隐患要立即排除。

（3）厂房室内装设的电气线路敷线时要防止绝缘层受损；线路通过可燃物要穿轻质阻燃套；房屋吊顶内的电线应采用金属管配线；穿墙线应采用塑料管防护，管两端应伸出墙面约1cm。

（4）电气线路不超负荷使用，不可在原设计线路上任意增加大负荷设备，老化线路应更新。移动式设备的电源线应采用橡胶软线。

（5）绝不可用铜丝、铁丝等代替熔丝，要根据电气设备的容量选用熔断器。

（6）使用电热设备、照明灯具以及进行电焊时，应与易燃物保持一定的安全距离。电热器具用完后应及时断电，待余热散尽再收存。

（7）设备运转时要注意电源电压波动情况。如电压长期不稳定，则应采用稳压设备。电动机不可缺相运行。

（8）电视机、音响设备等用完后应彻底断电，否则，设备中变压器的一次侧仍可能带电，轻则费电，重则烧毁变压器。电热毯在高档使用时间不可超过4h。

（9）电气设备使用场所要有良好的通风和散热条件，要配备一定数量的灭火器。电热设备周围及电气线路下方不准堆放易燃物品。

（10）改造老旧线路，消除电气火灾隐患。

技能训练　电气火灾现场处理

电力是我国的重要能源之一，改革开放以来，随着国民经济的快速发展和人民生活水平的不断提高，社会用电量大为增加。我们每天都会跟电器打交道，大到空调、电冰箱和洗衣机，小到电源插座和接线板。形形色色的电器给大家的生活带来了很多方便，可是就在我们享受着这种生活便利的同时，电器中隐藏的安全隐患也是无处不在的，给国民经济的发展和人民生命财产安全造成严重危害。所以掌握一些电气消防知识是很有必要的。

一、训练工具及器材

模拟电气火灾现场、干粉灭火器若干、防护用品（防毒面具）。

二、训练内容

1. 火灾处理措施（现场模拟电气火警，让学生及时采取措施排除或报警）

发生电气火灾时，应先切断电源，然后再扑救。切断电源后的电气火灾，可按一般性火灾组织人员扑救，同时向公安消防部门报警。拨打119电话报警时要沉着、冷静，应首先询问是否火警台，得到肯定答复后，方可报警。要向话务员讲清楚发生火灾的单位，所在的区县、街道门牌或乡村的详细地址，或周围的标志性建筑、着火物品、火势大小，是否有人员被困、有无爆炸危险物品、放射性物质等情况。报警后要派专人到街道路口或村口等候消防车，指引消防车去火灾现场的道路，以便迅速、准确到达火灾地点。

温馨提示：

（1）如果带负荷切断电源时应戴绝缘手套，使用有绝缘柄的工具。当火灾现场离开关较远需剪断电线时，相线和中性线应分开错位剪断，以免在钳口处造成短路，并应防止电源线搭在地上造成短路，使人员触电。

（2）当电源线不能及时切断时，应及时通知变电站从供电源头拉闸，同时使用现场配置的灭火器进行灭火，灭火人员要注意身体的各部位与带电体保持一定的安全距离。

2. 灭火器材使用及灭火演习（让学生根据火灾情况正确选择灭火器材，并模拟其使用方法）

若情况十分危急或无断电条件，则只好带电灭火。带电灭火时应注意灭火人员与带电体之间要保持足够的安全距离，并使用不导电灭火剂，如干粉、1211和二氧化碳灭火剂。其使用方法见表1-15。

表1-15 常见不导电灭火器的使用方法

灭火器	灭火范围	示意图	使用方法
干粉灭火器	石油及其产品、可燃性气体和电气设备的初期火灾灭火		手提干粉灭火器，首先将钢瓶颠倒、摇动几次，使粉松动
			然后拔去灭火器的铅封、安全插销
			一只手握住喷头，另一只手按下压把，将喷嘴对准燃烧处喷射，尽量使干粉均匀喷洒在燃烧物表面，直至把火全部扑灭
1211灭火器	油类、有机溶剂、可燃性气体、精密仪器和文物档案等火灾灭火		首先拔掉铅封和安全插销（不要把灭火器放平或颠倒）

（续）

灭火器	灭火范围	示意图	使用方法
1211 灭火器	油类、有机溶剂、可燃性气体、精密仪器和文物档案等火灾灭火		然后一只手按下压把，将喷嘴对准火焰根部喷射
二氧化碳灭火器	图书、档案、贵重设备、精密仪器、600V以下电气设备及油类的初期火灾		首先拔出安全插销
			然后一只手握住喷头根部的手柄，另一只手紧握启闭阀的压把
		对着火焰根部喷射，并不断推前，直至把火焰扑灭	将喷嘴对准火焰根部喷射。对没有喷射软管的二氧化碳灭火器，应把喷头往上扳70°～90°。使用时，不能直接用手抓住喷头外壁或金属连接管，防止手被冻伤

温馨提示：没有切断电源的电气火灾绝对不能用水、酸碱或泡沫灭火器来灭火，容易造成灭火人员触电；有些电气设备要注意防爆，灭火时要站在侧面或保持一定安全距离；未穿绝缘鞋的灭火人员，要谨防因地面有水而触电。

3. 应急处置结束后保护现场（配合有关部门调查取证）

三、训练步骤

1. 迅速切断电源（拉下电源开关、拔出电源插头等）**并报警**

2. 用绝缘性能好的灭火剂（如干粉灭火器）**扑救**

（1）使用前先将干粉灭火器颠倒、摇动几次，使粉松动；

（2）拔去铅封、安全插销；

（3）一只手握住喷头，另一只手按下压把，将喷嘴对准燃烧处喷射，尽量使干粉均匀

喷洒在燃烧物表面，直至把火全部扑灭。

温馨提示：在灭火过程中，应始终保持干粉灭火器处在直立状态，不得横卧或颠倒使用；灭火后要防止复燃。

3. 清理训练现场

四、任务评价

电气火灾现场处理任务评价见表1-16。

表1-16 电气火灾现场处理任务评价

班级			学号		姓名		
序号	评价内容	配分	评分标准	评价结果/分			综合得分
				自评	小组评	教师评	
1	根据火灾情况，制定方案，选用工具及器材	20	(1)不能正确切断电源，扣10分 (2)工具及器材选错每件扣5分				
2	火灾现场处理步骤，灭火器使用方法	40	(1)现场处理步骤错误，每处扣5分 (2)灭火器的使用步骤，每步错误扣5分				
3	应急处理，报警，保护现场	20	(1)应急处理不规范，扣10分 (2)报警方法不正确，扣10分				
4	同组协作	20	互相帮助、共同学习				
5	安全文明生产	只扣分，不加分	(1)发生安全事故，扣10分 (2)材料摆放零乱，扣5分 (3)实训结束后，工具不归位，扣5分				
合计							
学生在任务完成过程中遇到的问题记录：							

温馨提示：安全文明生产实施倒扣分，即只扣分，不加分；其他项目扣分，错一项扣一项分，但不超过其配分。

项目2

常用电工工具及仪表的认识及使用

情景导入

电工工具和仪表在电气设备安装、维护、修理工作中起着重要的作用，正确使用电工工具和仪表，既能提高工作效率，又能减小劳动强度，保障作业安全。因此，电工操作人员必须掌握常用电工工具及仪表的结构、性能和正确的使用方法。

知识目标

(1) 学会识别各种常用电工工具，掌握其安全操作规范；
(2) 认识万用表的面板，掌握其使用注意事项；
(3) 了解钳形电流表的测量方法与安全注意事项；
(4) 了解绝缘电阻表的测量方法与安全注意事项。

技能目标

(1) 掌握低压验电器、螺钉旋具、活扳手的使用方法；
(2) 初步学会正确使用电工钳、电工刀的使用方法；
(3) 学会正确使用冲击钻和电工登高工具；
(4) 熟练掌握万用表的正确使用方法；
(5) 掌握钳形电流表测量交流电流的方法；
(6) 掌握绝缘电阻表测量电气设备绝缘电阻的方法。

任务1 低压验电器、螺钉旋具和电工刀的认识及使用

知识储备

一、低压验电器的基本知识

低压验电器是检验导线和电气设备是否带电的一种电工常用检测工具，又称为低压测电

笔，简称电笔。它有钢笔式和螺钉旋具式两种，如图 2-1 所示。

a)　　b)

图 2-1　低压验电器

a）螺钉旋具式低压验电器　b）钢笔式低压验电器

1. 低压验电器的结构、工作原理和使用方法

低压验电器由氖气管、电阻、弹簧、笔尾和笔尖等组成，如图 2-2 所示。使用时，用手指触及笔尾的金属体，使氖气管小窗背光朝向自己。当用低压验电器测试带电体时，电流经带电体、低压验电器、人体与大地形成通电回路，只要带电体与大地之间的电位差超过 60V 时，低压验电器中的氖气管就发光。

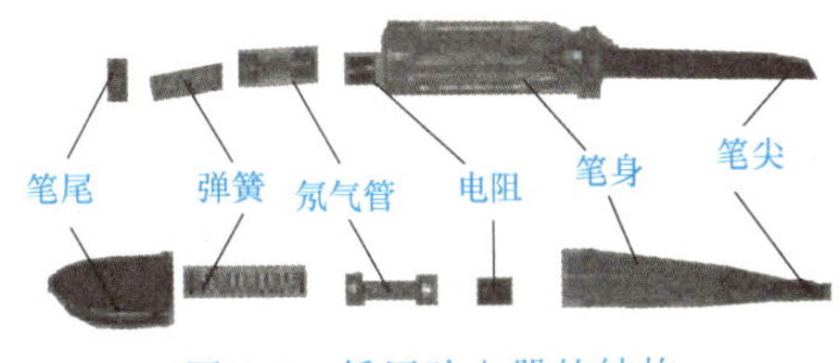

图 2-2　低压验电器的结构

温馨提示：低压验电器检测电压的范围为 60~500V。

2. 使用低压验电器的安全知识

（1）使用前，在已知有电的设备上检查低压验电器的好坏，证明其确实良好，方可使用。

（2）使用时，应逐渐靠近被测物体，直至氖气管发光，只有当氖气管不亮时，才可与被测物体直接接触。

温馨提示：低压验电器的笔尖虽与螺钉旋具形状相同，但它只能承受很小的转矩，不能像螺钉旋具那样使用，否则会损坏。

3. 数显测电笔

数显测电笔也是低压验电器中的一种，如图 2-3 所示。该新型低压验电器适用于直接检测 12~250V 的交直流电压和间接检测交流电的中性线、相线及断点，还可测量不带电导体的通断。它的特点是读数直观，功能齐全，价格便宜。

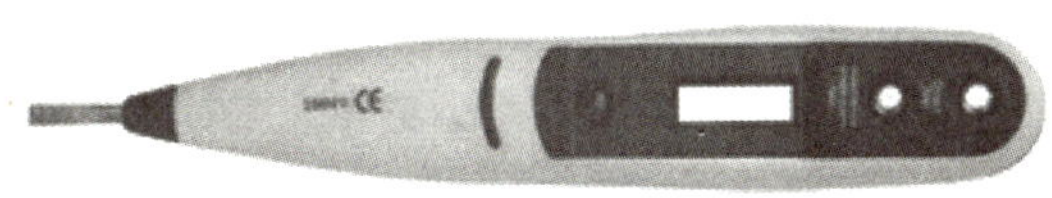

图 2-3　数显测电笔

二、螺钉旋具的基本知识

1. 螺钉旋具的分类及作用

螺钉旋具（俗称起子），按头部形状不同，可分为一字螺钉旋具和十字螺钉旋具，如图 2-4 所示；按握柄材料不同，可分为木柄和塑料柄两种。

一字螺钉旋具常以柄部以外的刀体长度来区分，其常用的规格有 50mm、75mm、125mm、150mm 等几种。十字螺钉旋具按十字口的直径可分为 2~2.5mm、3~5mm、5.5~

8mm、10～12 mm 四种规格，其柄部以外的刀体长度规格与一字螺钉旋具相同。

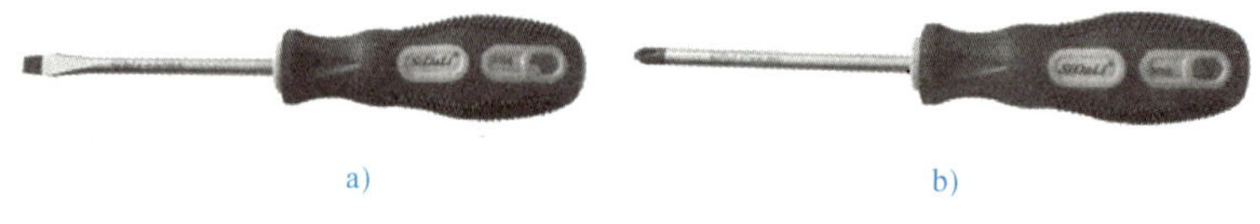

a)　　b)

图 2-4　螺钉旋具
a）一字螺钉旋具　b）十字螺钉旋具

螺钉旋具用于紧固或拆卸螺钉。

2. 使用螺钉旋具的安全知识

（1）电工不可使用金属杆直通握柄的螺钉旋具，否则使用时很容易造成触电事故。

（2）使用时，若不知螺钉是否带电，手不得触及螺钉旋具的金属杆，以免发生触电事故。

（3）为了避免螺钉旋具的金属杆触及皮肤，或触及邻近带电体，应在金属杆上穿套绝缘管。

（4）应根据旋紧或松开螺钉头部的槽宽和槽形选用适当的螺钉旋具。不能用较小的螺钉旋具去旋拧较大的螺钉，否则不但不能旋紧螺钉，还会造成螺钉尾槽拧豁或螺钉旋具头部受损；反之，也不能用较大的螺钉旋具去旋拧较小的螺钉，否则将造成小螺钉滑丝。

（5）使用时，不允许将工件拿在手上用螺钉旋具拆装螺栓（钉），以免螺钉旋具从槽口中滑出伤手。

温馨提示：螺钉旋具不可当撬棒或錾子使用。除夹柄螺钉旋具外，不允许用锤子敲击旋具柄，也不允许借助扳手或钳子扳转螺钉旋具端口来增大扭力，以免使螺钉旋具发生弯曲或扭曲变形。

三、电工刀的基本知识

电工刀是剖削导线线头、切割木台缺口、削制木榫的专用工具，如图 2-5 所示。

图 2-5　电工刀

1. 电工刀的使用方法

使用时，应将刀口朝外剖削。剖削导线绝缘层时，应使刀面与导线成较小的锐角，以免割伤导线。

2. 电工刀使用安全知识

（1）电工刀使用时，应注意避免伤手、伤人。

（2）电工刀用毕，应随即将刀身折进刀柄。

（3）电工刀刀柄是无绝缘保护的，不能在带电导线或器材上剖削，以免触电。

技能训练　低压验电器、螺钉旋具和电工刀的使用

一、训练工具及器材

训练工具及器材见表 2-1。

表 2-1　训练工具及器材

名　称	数　量	名　称	数　量
75mm 一字螺钉旋具	1 把	75mm 十字螺钉旋具	1 把
150mm 一字螺钉旋具	1 把	150mm 十字螺钉旋具	1 把
电工刀	1 把	低压验电器	1 支
AC 220V 插孔的电源箱	2 只	DC 110V 插孔的电源箱	1 只
30cm×30cm 木工板	1 块	2cm 木螺钉	若干
3cm 木螺钉	若干	M4 螺栓(配螺母)	若干
M8 螺栓(配螺母)	若干	废线槽	若干
$4mm^2$ 单股铜芯塑料线	若干米	$2.5mm^2$ 单股铜芯塑料线	若干米
15cm 接线柱	1 只	30cm 接线柱	1 只

二、训练内容

1. 低压验电器的使用方法

低压验电器的使用方法见表 2-2。

表 2-2　低压验电器的使用方法

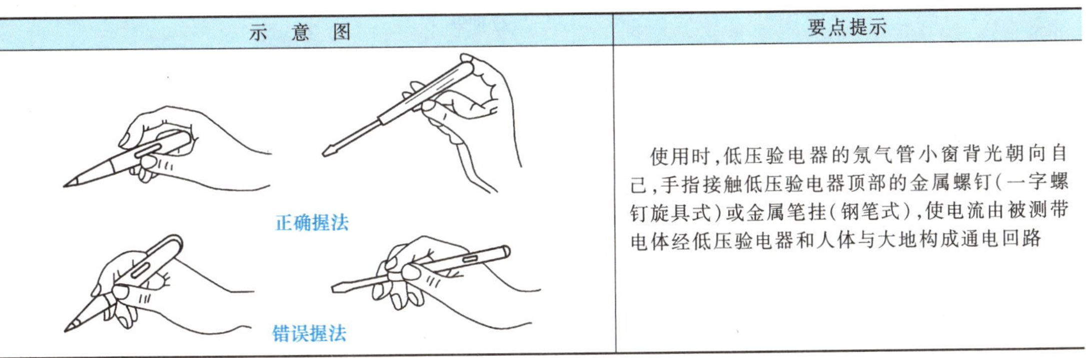

示　意　图	要点提示
正确握法 错误握法	使用时,低压验电器的氖气管小窗背光朝向自己,手指接触低压验电器顶部的金属螺钉(一字螺钉旋具式)或金属笔挂(钢笔式),使电流由被测带电体经低压验电器和人体与大地构成通电回路

温馨提示:低压验电器在明亮的光线下使用时往往不容易看清氖气管的辉光，所以应注意避光使用。

2. 螺钉旋具的使用方法

螺钉旋具的使用方法见表 2-3。

表 2-3　螺钉旋具的使用方法

示　意　图	要点提示
	小螺钉旋具一般用来紧固电气装置接线桩头上的小螺钉,使用时可用手指顶住握柄的末端捻旋
	大螺钉旋具一般用来紧固较大的螺钉。使用时,除大拇指、食指和中指要夹住握柄外,手掌还要顶住柄的末端,这样可防止螺钉旋具转动时滑脱

（续）

示　意　图	要点提示
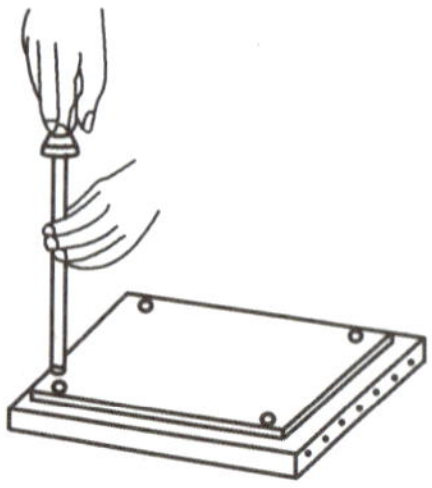	较长的螺钉旋具在使用时可用右手压紧并转动手柄，左手握住螺钉旋具中间部分，以保证螺钉旋具不滑落。注意左手不得放在螺钉的周围，以免螺钉旋具滑出时将手划伤

温馨提示：使用螺钉旋具时，需将螺钉旋具头部放至螺钉槽口中，并用力推压螺钉，平稳旋转螺钉旋具，注意要用力均匀，不要在槽口中蹭，以免磨毛槽口。一般螺钉向顺时针方向拧为拧紧，向逆时针方向拧为拧松。

3. 电工刀的使用方法

电工刀的使用方法见表2-4。

表2-4　电工刀的使用方法

示意图	要点提示
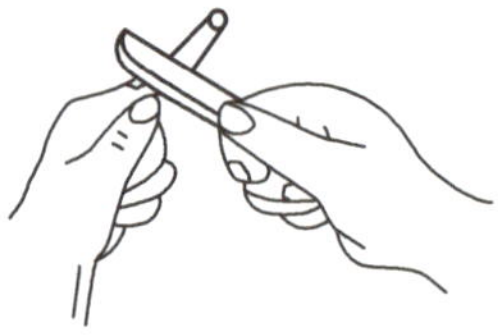 a) 握刀姿势 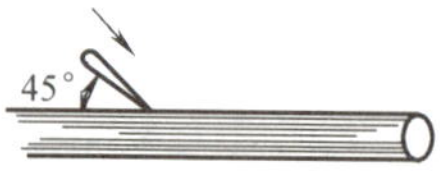　b) 刀口以45°角倾斜切入 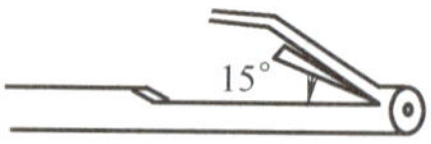　c) 以15°角倾斜推削	左手持导线，右手握刀柄，把刀略向内倾斜，用刀刃的圆角抵住线芯，刀口以45°角倾斜切入，然后以约15°角倾斜推削，时刻注意刀口不能切入线芯
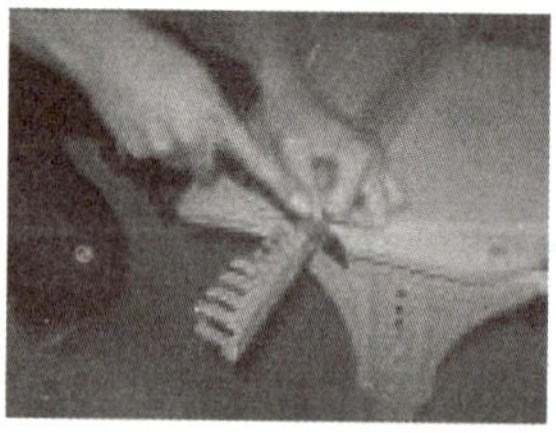 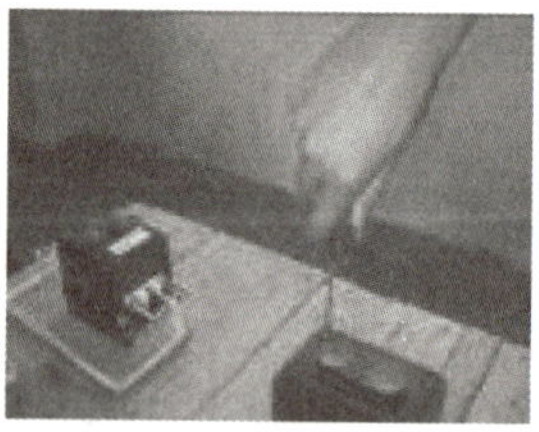 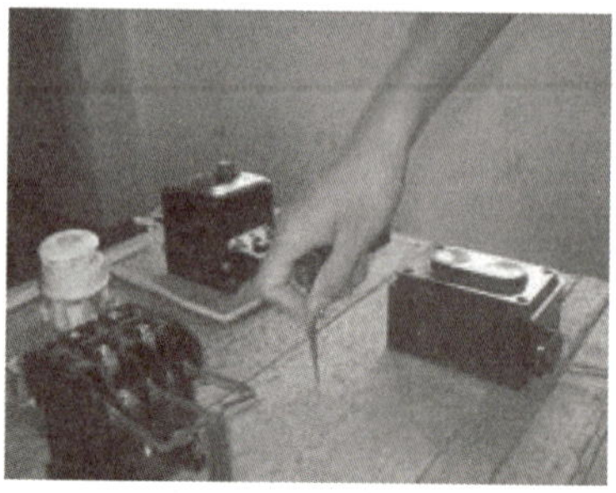	在电气操作中，电工刀主要用于剖削导线绝缘层和削制木榫等，有的电工刀还带有手锯、尖锥和小螺钉旋具，用于电工器材的切割、扎孔和小螺钉的松紧

温馨提示：电工刀的刀刃部分要磨得锋利才好剖削导线，但不可太锋利，太锋利容易削伤线芯；磨得太钝，则无法剖削绝缘层。

三、训练步骤

1. 低压验电器的使用

（1）区别相线与中性线：在交流电路中，当低压验电器触及导线时，氖气管亮的是相线，正常情况下，中性线是不会使氖气管发光的。

（2）区别电压的高低：用低压验电器测试时，可根据其氖气管发光的强弱来估计电压的高低。

（3）区别直流电与交流电：当交流电通过低压验电器时，低压验电器的氖气管里的两个极同时发光；当直流电通过低压验电器时，低压验电器的氖气管里两个电极只有一个发光（口诀：电笔判断交直流，交流明亮直流暗，交流氖管通身亮，直流氖管亮一端）。

（4）区别直流电的正、负极：低压验电器的氖气管前端是指低压验电器笔尖的一端，其后端是指手握的一端，因此观察其前端明亮为负极，反之为正极（口诀：电笔判断正负极，观察氖管要心细，前端明亮是负极，后端明亮为正极）。

（5）区别交流电同相与异相：站在一个与大地绝缘的物体上，双手各执一支低压验电器，然后在待测的两根导线上进行测试，如果两支低压验电器发光很亮，则这两根导线为异相，反之为同相（口诀：判断两线相同异，两手各持一支笔，两脚与地相绝缘，两笔各触一要线，用眼观看一支笔，不亮同相亮为异）。

温馨提示：此项测试可以用来进行低压核相，测量线路中任何导线之间是同相还是异相。测试时，切记两脚与地必须绝缘。因为我国大部分是三相交流 380V/220V 供电，且变压器普遍采用中性点直接接地，所以测试时人体与大地之间一定要绝缘，避免构成回路做出误判；测试时，两支低压验电器亮与不亮显示相同，故只看一支即可。

2. 螺钉旋具的使用

（1）螺钉旋具的基本功练习：

① 紧固较大的螺钉；

② 紧固电气装置接线桩头的小螺钉。

（2）用螺钉旋具旋紧木螺钉的基本功练习：

① 用 75mm 螺钉旋具在木配电板上做旋紧木螺钉的练习；

② 用 150mm 螺钉旋具在木配电板上做旋紧木螺钉的练习。

3. 电工刀的使用

（1）用电工刀对废旧塑料单芯硬线做剖削练习（要求做到不剖伤线芯）。

（2）用电工刀作为锯子、螺钉旋具以及作为扩孔锥使用练习。

四、任务评价

低压验电器、螺钉旋具和电工刀的使用评价见表 2-5。

表 2-5　低压验电器、螺钉旋具和电工刀的使用评价

班级			学号		姓名		
序号	评价内容	配分	评分标准	评价结果/分			综合得分
				自评	小组评	教师评	
1	低压验电器的使用	35	（1）不能区别相线与中性线，扣 10 分； （2）不能区别电压的高低，扣 5 分； （3）不能区别直流电与交流电，扣 5 分； （4）不能区别直流电的正、负极，扣 5 分； （5）不能区别交流电同相与异相，扣 10 分				
2	螺钉旋具的使用	25	（1）不会选择螺钉旋具进行作业，每次扣 5 分； （2）不清楚螺钉的旋转方向，每次扣 3 分； （3）螺钉旋具使用不规范，每次扣 3 分				
3	电工刀的使用	20	（1）导线剖削方法不正确，扣 5 分； （2）导线损伤，每根扣 3 分； （3）塑料线槽锯割不规范，每次扣 3 分； （4）扩孔不规范，每次扣 3 分				
4	同组协作	20	互相帮助、共同学习				
5	安全文明生产	只扣分，不加分	（1）发生安全事故，扣 10 分； （2）材料摆放零乱，扣 5 分； （3）实训结束后，工具不归位，扣 5 分				
合计							

学生在任务完成过程中遇到的问题记录：

温馨提示：安全文明生产实施倒扣分，即只扣分，不加分；其他项目扣分，错一项扣一项分，但不超过其配分。

任务2　电工钳、活扳手和冲击钻的认识及使用

知识储备

一、电工钳的基本知识

1. 钢丝钳

（1）钢丝钳的构造和用途。钢丝钳有铁柄和绝缘柄两种。绝缘柄为电工用钢丝钳，常用规格有 150mm、175mm 和 200mm 三种。

钢丝钳是由钳头和钳柄两部分组成的，钳头由钳口、齿口、刀口和铡口四部分组成，如图 2-6 所示。钢丝钳用途很多，钳口用来弯绞或钳夹导线线头，齿口用来紧固和起松螺母，刀口用来剪切导线或剖削软导线绝缘层，铡口用来铡切电线线芯或钢丝等较硬金属。

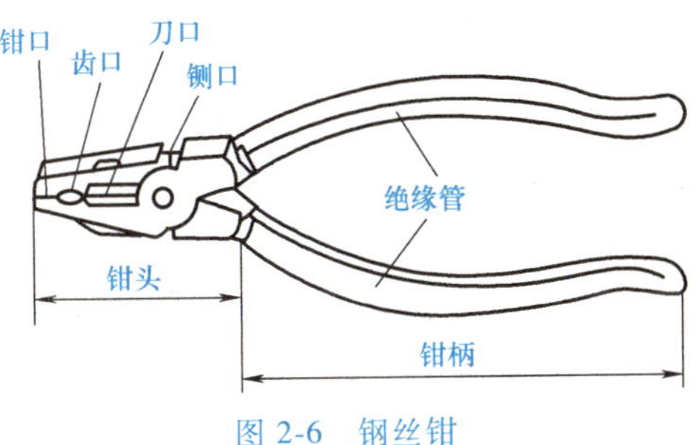

图 2-6　钢丝钳

（2）钢丝钳使用安全知识：

① 使用前，必须检查绝缘柄的绝缘是否完好。如果绝缘损坏，进行带电作业时，会发生触电事故。

② 用电工钢丝钳剪切带电导线时，刀口不得同时剪切两根导线，以免发生短路事故。

2. 尖嘴钳

（1）尖嘴钳的结构和用途。尖嘴钳的头部尖细，适用于狭小的空间操作。按全长度可分为 130mm、160mm、180mm 和 200mm 四种。

尖嘴钳也有铁柄和绝缘柄两种，绝缘柄的耐压为 500V，如图 2-7 所示，其作用如下：

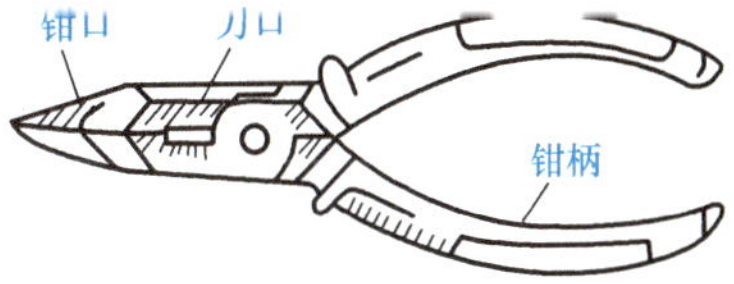

图 2-7　尖嘴钳

① 有刀口的尖嘴钳能切断细小的金属丝；

② 能夹持较小螺钉、垫圈、导线等元件；

③ 在装接控制板时，能将单股导线弯成一定圆弧的接线鼻子。

（2）尖嘴钳使用安全知识同钢丝钳。

温馨提示：使用尖嘴钳带电作业时，金属部分不要触及人体或邻近的带电体。

3. 斜口钳

（1）斜口钳的结构和用途。斜口钳又称为偏口钳，还可称为断线钳。斜口钳钳柄有铁柄、管柄和绝缘柄三种。其中电工用的绝缘柄斜口钳如图 2-8 所示，绝缘柄的耐压为 500V。斜口钳的主要用途是剪切导线，如印制线路板插装元器件后过长引线的剪切，焊点上多余引线的剪切，粗细适宜的导线及塑料导管的剪切等。

图 2-8　斜口钳

斜口钳的规格与尖嘴钳相同，160mm 带绝缘柄的斜口钳最为常用，有的斜口钳在两个钳柄之间加上弹簧，其作用是减轻手部疲劳，使用更加方便。

（2）斜口钳使用安全知识。

① 使用斜口钳时应注意使钳口朝下，以防止被剪下的线头伤人；

② 斜口钳不能用于剪切较粗的钢丝及螺钉等硬物，以防损坏其钳口；

③ 严禁使用塑料套已损坏的斜口钳剪切带电导线，避免发生触电事故，确保人身安全。

4. 剥线钳

（1）剥线钳的结构和用途。剥线钳是用来剥离 $6mm^2$ 以下的塑料或橡皮电线绝缘层的专用工具。钳头上有多个大小不同的切口，以适用于不同规格的导线。它由刀口、压线口和钳柄组成，如图 2-9 所示。剥线钳的钳柄上套有额定工作电压 500V 的绝缘套管，适用于塑料、橡胶绝缘电线、电缆芯线的剥皮。

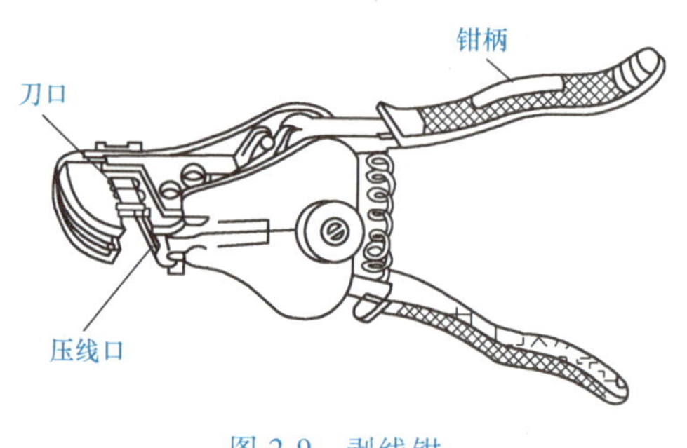

图 2-9　剥线钳

（2）剥线钳的使用安全知识同钢丝钳。

二、活扳手的基本知识

1. 活扳手的构造和用途

活扳手是由头部和柄部组成的，如图 2-10 所示。其中，头部由活扳唇、呆扳唇、扳口、蜗轮和轴销等组成，旋动蜗轮可调节扳口的大小，它是用来紧固和起松螺母的一种专用工具。

2. 活扳手使用方法及注意事项

（1）扳动大螺母时，需要较大力矩，手应握在近柄尾处。

（2）扳动小螺母时，需要力矩不大，但螺母过小易打滑，故手应握在近头部的地方，

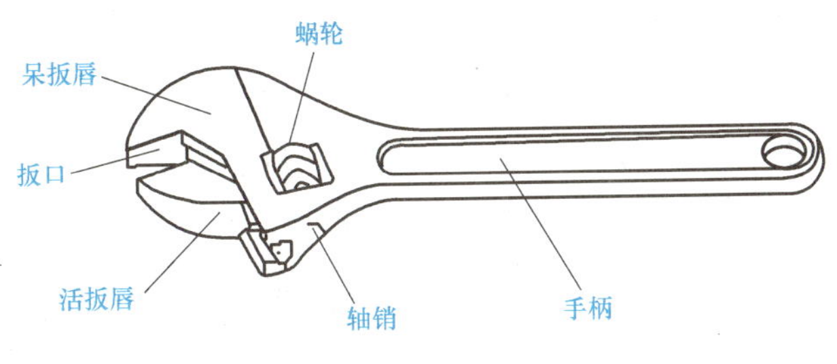

图 2-10　活扳手

可随时调节蜗轮，收紧活扳唇，防止打滑。

(3) 活扳手不可反用，以免损坏活扳唇，也不可用钢管接长柄来施加较大的扳拧力矩。

(4) 活扳手不得当做撬棒和手锤使用。

温馨提示：在扳拧生锈的螺母时，可在螺母上滴几滴煤油或机油，这样就好拧动了。

三、冲击钻的基本知识

1. 冲击钻的结构和用途

冲击钻主要适用于对混凝土地板和墙壁、砖块、石料、木板和多层材料等进行冲击打孔，另外还配备有电子调速装备做顺/逆转，可以在木材、金属、陶瓷和塑料上进行钻孔和攻牙，其结构如图 2-11 所示。其用法如下：若把调节开关置于“钻”的位置，钻头只旋转而没有前后的冲击动作，可作为普通的平钻使用，若调到“锤”的位置，通电后钻头边旋转、边前后冲击，便于钻削混凝土或砖结构建筑物上的孔，如膨胀螺栓孔、穿墙孔等。

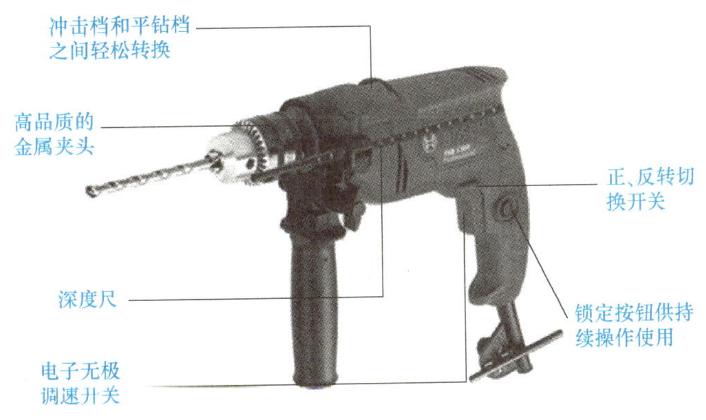

图 2-11　冲击钻

温馨提示：冲击钻做“平钻”使用时，应使用麻花钻头，而做“锤”使用时，应使用镶有硬质合金的麻花钻。

2. 冲击钻使用方法及注意事项

(1) 使用冲击钻时注意站立姿势，不可掉以轻心。

(2) 冲击钻外壳必须有接地线或接中性线保护。

(3) 使用前检查其绝缘是否完好，开关是否灵敏可靠。

(4) 停电、休息或离开工作地时，应立即切断电源。

(5) 使用冲击钻时要确保立足稳固，并要随时保持平衡。

(6) 如用力压冲击钻时，必须保证冲击钻垂直，而且固定端要牢固可靠。

(7) 装夹钻头用力适当，使用前应空转约 1min、待转动正常后方可使用。

(8) 钻孔时应使钻头缓慢接触工件，不得用力过猛，折断钻头，烧坏电动机。

(9) 使用后不许随便乱放。工作完毕时，应将冲击钻及绝缘用品一并放到指定地方。

(10) 使用中如发现冲击钻漏电、振动、高温过热时，应立即停机待冷却后再使用。

(11) 中途更换新钻头，沿原孔洞进行钻孔时，不要突然用力，防止折断钻头，发生意外。

(12) 冲击钻导线要完好，严禁乱拖，防止轧坏、割破。严禁把导线拖置油水中，防止油水腐蚀导线。

(13) 冲击钻未完全停止转动时，不能卸、换钻头，出现异常时其他任何人不得自行拆卸、装配，应交专人及时修理。

(14) 穿合适的工作服，不可穿过于宽松的工作服，更不要戴首饰或留长发，严禁戴手套及不扣袖口操作电动工具。

(15) 工作时务必全神贯注，不但要保持头脑清醒，更要理性地操作电动工具，严禁酒后、疲惫时、服用兴奋剂或药物后进行操作。

(16) 如在潮湿地方使用冲击钻，必须站在绝缘垫或干燥的木板上进行。登高或在防爆等危险区域内使用时，必须做好安全防护措施。

技能训练　电工钳、活扳手和冲击钻的使用

一、训练工具及器材

训练工具及器材见表 2-6。

表 2-6　训练工具及器材

名　称	数　量	名　称	数　量
150mm 尖嘴钳	1 把	150mm 剥线钳	1 把
200mm 钢丝钳	1 把	150mm 斜口钳	1 把
冲击钻(配钻头)	1 把	200mm 活扳手	1 把
$4mm^2$ 单股铜芯塑料线	若干米	$1.5mm^2$ 软铜芯塑料线	若干米
废木工板	1 块	废红砖	1 块
M12×30 螺栓(配螺母)	若干只	M6×30 螺栓(配螺母)	若干只
10# 铁丝	若干米		

二、训练内容

1. 电工钳的使用

电工钳的使用方法见表 2-7。

表 2-7 电工钳的使用方法

工具名称	示 意 图	使用说明
钢丝钳		钳口用来弯绞或钳夹导线线头
		钢丝钳的齿口用来紧固和起松螺母
		刀口用来剪切导线或剖削导线绝缘层
		铡口用来铡切电线线芯或钢丝等较硬金属
尖嘴钳		用右手将钳口朝内侧，便于控制钳切部位，用小指伸在两钳柄中间来抵住钳柄，张开钳头，这样分开钳柄灵活
		用尖嘴钳弯导线接头的操作方法是先将线头向左折，然后紧靠螺杆依顺时针方向向右弯即成

（续）

工具名称	示　意　图	使用说明
斜口钳		用右手握住斜口钳，将钳口朝内侧，便于控制钳切部位，用小指伸在两钳柄中间来抵住钳柄，张开钳头，这样分开钳柄灵活
剥线钳		根据导线的型号，选择相应的剥线刀口，将准备好的导线放在剥线钳的刀刃中间，选择好要剥线的长度，握住剥线工具手柄，将导线夹住，缓缓用力使导线外绝缘层慢慢剥落，松开工具手柄，取出导线，这时导线金属线整齐露在外面，其余绝缘层完好无损

温馨提示：使用剥线钳时，必须将导线放在大于其芯线直径的切口上切削，否则会损坏芯线。

2. 活扳手的使用

活扳手的使用方法见表2-8。

表2-8　活扳手的使用方法

示　意　图	要点提示
	扳拧大螺母时，需用较大力矩，手应握在近柄尾处
	扳拧较小螺母时，需用力矩不大，但螺母过小易打滑，故手应握在近头部的地方，可随时调节蜗轮，收紧活扳唇，防止打滑

温馨提示：用活扳手的扳口夹持螺母时，呆板唇在上，活扳唇在下，切不可反过来使用。

3. 冲击钻的使用

冲击钻的使用方法见表2-9。

表 2-9　冲击钻的使用方法

示　意　图	要点提示
	用冲击钻在金属材料上钻孔时，需将“锤钻调节开关”打到标有“钻”的位置上，采用普通麻花钻头，冲击钻产生纯转动，就像平钻那样使用
	当用冲击钻在混凝土构件、预制板、瓷面砖、砖墙等建筑构件上钻孔、打洞时，需将“锤钻调节开关”打到标有“锤”的位置上，采用电锤钻头（镶有硬质合金的麻花钻）

温馨提示：使用冲击钻前，先开启电源开关，使冲击钻空转 1min 左右，以检查传动部分和冲击结构转动是否灵活。待冲击钻正常运转后，才能进行钻孔、打洞。钻孔时应经常把钻头从钻孔中拔出，以便排除钻屑。钻较坚硬的工件或墙体时，不能加过大的压力，否则将使钻头退火或冲击钻过载而损坏。

三、训练步骤

1. 电工钳的使用

（1）钢丝钳

① 弯绞或钳夹导线线头练习；

② 紧固和起松螺母练习；

③ 剪切导线或剖削导线绝缘层练习；

④ 铡切电线线芯、钢丝等较硬金属练习。

（2）用尖嘴钳将单股导线弯成一定圆弧的接线鼻子练习。

（3）用斜口钳做剪切导线练习。

（4）用剥线钳做剥削导线练习。

2. 活扳手的使用

（1）扳拧大螺母练习。

（2）扳拧小螺母练习。

3. 冲击钻

（1）在砖头上打孔练习。

（2）在木板上钻孔练习。

四、任务评价

电工钳、活扳手和冲击钻的使用评价见表 2-10。

表 2-10　电工钳、活扳手和冲击钻的使用评价

班级			学号		姓名		
序号	评价内容	配分	评分标准	评价结果/分			综合得分
				自评	小组评	教师评	
1	钢丝钳的使用	20	(1)弯绞或钳夹导线线头不规范，每次扣5分； (2)紧固和起松螺母不规范，每次扣5分； (3)剖削导线绝缘层不规范，每次扣5分； (4)铡切较硬金属不规范，每次扣5分				
2	尖嘴钳的使用	15	(1)尖嘴钳使用不规范，每次扣5分； (2)用尖嘴钳弯绞接头不规范，每个扣5分				
3	斜口钳的使用	5	斜口钳使用不规范，每次扣5分				
4	剥线钳的使用	10	(1)导线剖削方法不正确，每次扣5分； (2)导线损伤，每根扣5分				
5	活扳手的使用	10	(1)活扳手使用不规范，每次扣5分； (2)活扳手打滑，每次扣5分				
6	冲击钻的使用	20	(1)冲击钻使用不规范，每次扣5分； (2)洞隙深度不标准，每次扣5分； (3)洞眼直径不标准，每次扣5分； (4)打孔姿势不规范，每次扣5分				
7	同组协作	20	互相帮助、共同学习				
8	安全文明生产	只扣分，不加分	(1)发生安全事故，扣10分； (2)材料摆放零乱，扣5分； (3)实训结束后，工具不归位，扣5分				
合计							
学生在任务完成过程中遇到的问题记录：							

温馨提示：安全文明生产实施倒扣分，即只扣分，不加分；其他项目扣分，错一项扣一项分，但不超过其配分。

任务3　电工登高梯子的认识及使用

知识储备

在我们的工作和生活中会经常使用梯子，梯子是最常用的登高工具之一。下面将主要介

绍电工登高用的梯子。

1. 电工登高梯子的作用和分类

电工登高梯子包括直梯和人字梯两大类，如图 2-12 所示。前者必须以一个稳固的物体作为“依靠”方可树立起来，主要用于室外登高作业；后者则靠自身树立，并且相对稳定，使用时除可做室内登高工具外，还可兼顾工作平台的作用。

在工作中，大多数电工登高梯子使用的是铝合金材质，在牢固、耐用、绝缘、安全性等方面高于其他材质的梯子。

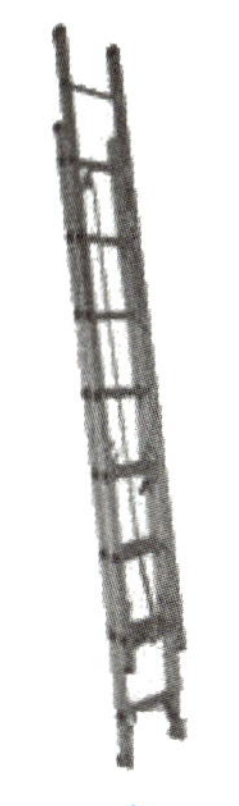

a)

b)

图 2-12　电工登高梯子

a）直梯　b）人字梯

2. 电工登高梯子的安全知识

电工登高梯子的安全知识见表 2-11。

表 2-11　电工登高梯子的安全知识

示意图	要点提示
	直梯在使用前应检查有无折裂现象，两脚应绑扎胶皮等防滑材料
	人字梯应在中间绑扎两道防止自动滑开的安全绳
正确方式　正确方式　错误方式	在直梯上作业时，为了保证不致用力过度而站立不稳，应用正确的方法站立，在人字梯上作业时，切不可采取骑马的方式站立，以防止人字梯不稳而造成严重的工伤事故

（续）

示　意　图	要点提示
正确放置方式为$(\frac{1}{4}\sim\frac{1}{2})$梯长　错误方式	直梯放置时，梯脚与墙之间的距离不大于梯长的1/2，也不得小于梯长的1/4
直立于门前　通往一个平台	如直梯直立于门前，要确保门已锁上，并设置醒目标识或指定专人监护；如直梯通往天台或一个平台，最顶三级应高于天台或平台的水平面，且伸出部分禁止踩踏，仅供人员扶手用
正确方式　错误方式　错误方式	梯顶不应低于工作人员的腰部，禁止站在梯子的最高处或上面一、二级横档上工作
错误方式　正确方式　错误方式	梯子的安放应与带电部分保持安全距离，扶持人应戴好安全帽，直梯不能放在箱子或桶类物体上使用。

（续）

示　意　图	要点提示
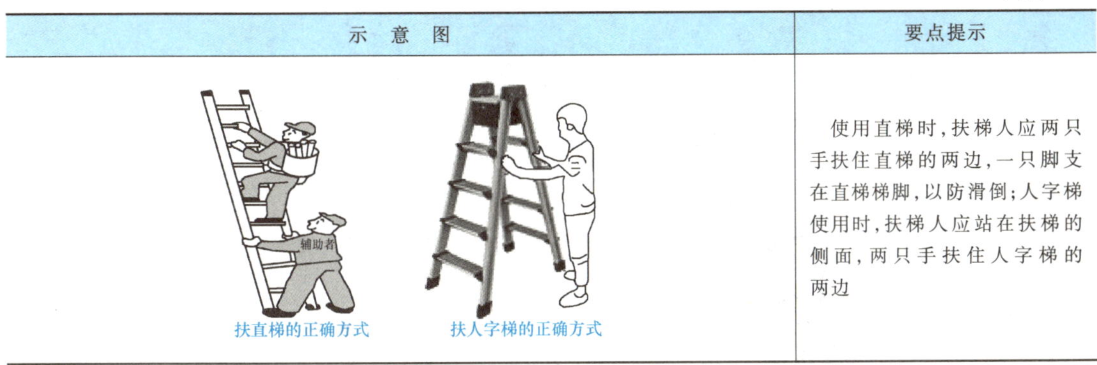 扶直梯的正确方式　扶人字梯的正确方式	使用直梯时，扶梯人应两只手扶住直梯的两边，一只脚支在直梯梯脚，以防滑倒；人字梯使用时，扶梯人应站在扶梯的侧面，两只手扶住人字梯的两边

温馨提示：不论使用哪种梯子，都需要安排一个人扶住梯子，防止滑倒等事故的发生，监护梯上工作人员的操作以及观察随时可能发生的意外情况，同时帮助梯上工作人员传递需要的工具和材料等。

技能训练　电工登高梯子的使用

一、训练工具

训练工具见表2-12。

表2-12　训练工具

名　　称	数　　量
6m直梯	1架
2.5m人字梯	1架

二、训练内容

电工登高梯子的使用见表2-13。

表2-13　电工登高梯子的使用

示　意　图	要点提示
四点接触	放置直梯遵循“四点接触”原则： （1）直梯两个扶手的顶端都牢牢地倚靠在坚实的墙体上，两条梯腿稳固地支承在坚硬、水平、干燥的平面上（不能放在箱子或木块上），固定梯子支点后最好由专人监护 （2）直梯放置，梯脚与墙之间的距离不大于梯长的1/2，也不得小于梯长的1/4

（续）

示　意　图	要点提示
三点接触	上、下梯子的行为原则： （1）上梯之前，在底部横档稍作跳动，以测试爬梯之稳固程度 （2）上、下梯子时，使用者应面向梯子，遵循“三点接触”原则（即至少必须双手单脚或双脚单手同时接触梯子），一次爬一个横档（脚的位置是重点，将重心通过脚来转移到横档上，每次只移动一只脚，并只移一个横档），使用者不应从侧面攀上梯子；下梯子时最重要的行为原则是慢，面向梯子逐阶而下，不可背向梯子
错误方式	不让身体重心外移原则： （1）在梯子上工作时，应在靠近踏板（或横档）中部工作，将身体重心保持在两个扶手之间，将一条腿跨过一个横档，以获得平衡，不要过度地向外延展肢体，以免身体失衡导致坠落 （2）禁止从一部梯子攀到另一部梯子或从晃动的平面攀上梯子
	梯子的存放： （1）存放梯子时，应将其横放并固定，避免倾倒砸伤人员。其他重物不应放置其上，避免梯子受压弯曲 （2）梯子的存放区域应通风干燥，不宜过热或过于潮湿，且不可与腐蚀性物质混放，防止强度降低

（续）

示 意 图	要点提示
	梯子的搬运： （1）搬运梯子（延伸梯收缩固定、人字梯合拢）时，应选择宽敞的通道，梯子的前部应朝着地面 （2）在经过走廊或转角时，放慢速度，在搬运较长梯子时，需两人搬运，一人在前引导，避免碰撞行人及周围设施
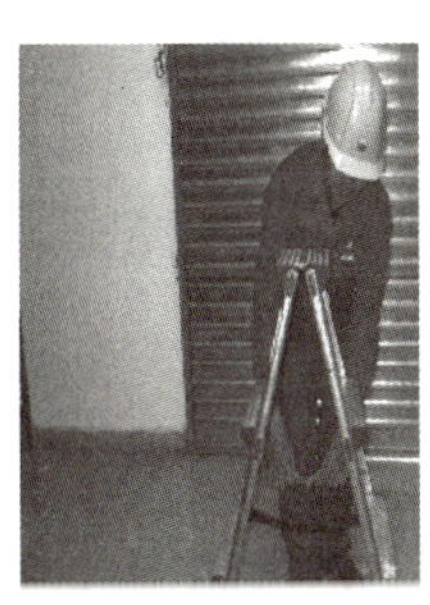 	人字梯的使用： （1）全面打开、锁好限制跨度的拉链，摆放在表面平稳的地上。上、下梯子时必须面朝梯子，保持三点接触以保持平衡 （2）操作人员作业的方位确保在梯子和人体的正前方，需要移位时，不应站在人字梯上以“步行”或扭动身子方式来移动梯子，这样会造成人体的重心偏移，连人带梯同时倒下

温馨提示：放置梯子时，应确认所有移动工具的绳索都设置在梯子的内侧，以防绊倒。另外，登梯时必须握紧横档，不宜抓住梯子两边的扶手，以避免滑落抓不牢。

三、训练步骤

1. 直梯的使用

（1）直梯摆放练习。

（2）直梯登高作业练习。

（3）直梯搬运练习。

（4）直梯存放练习。

2. 人字梯的使用

（1）人字梯摆放练习。

（2）人字梯登高作业练习。

四、任务评价

电工登高梯子的使用评价见表 2-14。

表 2-14　电工登高梯子的使用评价

班级			学号		姓名		
序号	评价内容	配分	评分标准	评价结果/分			综合得分
				自评	小组评	教师评	
1	直梯摆放	10	(1)直梯摆放没有“四点接触”,每次扣5分; (2)梯脚与墙之间的距离不规范,每次扣5分				
2	直梯登高作业	20	(1)上梯之前没有测试,每次扣5分; (2)上、下梯没有“三点接触”,每次扣5分; (3)上、下梯没有面朝梯子,每次扣5分; (4)一次爬两个及以上横档,每次扣5分; (5)梯上站立不规范,每次扣5分				
3	直梯搬运	10	梯子搬运方式不规范,每次扣10分				
4	直梯存放	10	梯子存放方式不规范,每次扣10分				
5	人字梯摆放	10	(1)摆放没有“四点接触”,每次扣5分; (2)没有锁好限制跨度的拉链,每次扣5分				
6	人字梯登高作业	20	(1)上梯之前没有测试,每次扣5分; (2)上、下梯没有“三点接触”,每次扣5分; (3)上、下梯没有面朝梯子,每次扣5分; (4)一次爬两个及以上横档,每次扣5分; (5)梯上站立不规范,每次扣5分				
7	同组协作	20	互相帮助、共同学习				
8	安全文明生产	只扣分,不加分	(1)发生安全事故,扣10分; (2)材料摆放零乱,扣5分; (3)实训结束后,工具不归位,扣5分				
合计							

学生在任务完成过程中遇到的问题记录:

温馨提示：安全文明生产实施倒扣分，即只扣分，不加分；其他项目扣分，错一项扣一项分，但不超过其配分。

任务4　万用表的认识及使用

知识储备

1. 万用表的认识

万用表可分为指针式万用表和数字式万用表两种，如图 2-13 所示。它是一种多用途、多量程的电工仪表，可用来测量直流电流、直流电压、交流电压以及电阻等，还可以测量交流电流、电容、电感以及晶体管的参数。

目前常用的指针式万用表主要是 MF-47 型，其外形如图 2-14 所示，它主要分为刻度盘和操作面板两部分。

(1) 刻度盘。MF-47 型指针式万用表有 6 条刻度线，如图 2-15 所示。

第一条刻度线上标有“Ω”字样，表明该线为电阻读数刻度线，该刻度线最右端为“0Ω”，最左端为“∞”，并且刻度不均匀。

a)

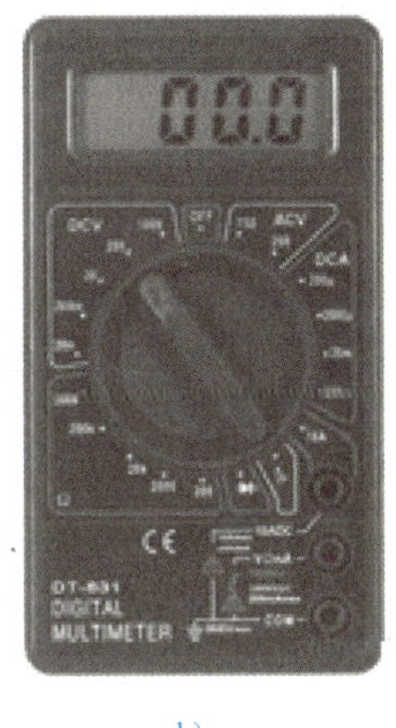

b)

图 2-13　万用表

a) 指针式　b) 数字式

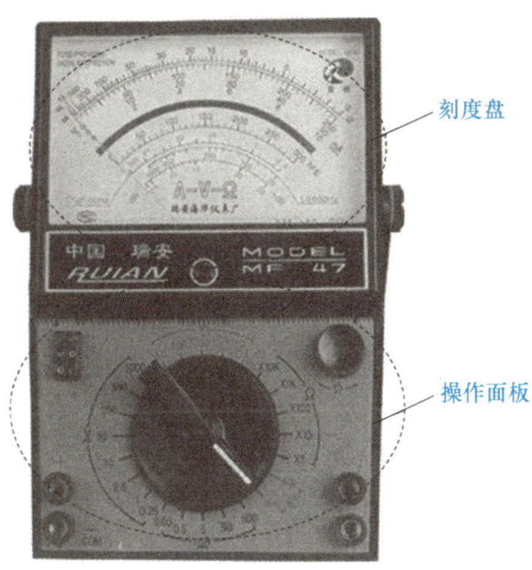

图 2-14　MF-47 型指针式万用表的外形

第二条刻度线是交、直流电压和直流电流读数的共用刻度线。其刻度最左端为“0”，最右端为满刻度值，其量程表示有 250、50、10 三个档位，当选择不同档位时要将刻度线的最大刻度看作该档位的最大量程数（其他刻度也要作相应的变化）。如当量程开关置于“10V”档测量时，指针指在最大刻度线时所测量的电压为 10V（而不是 250V）。

第三条刻度线是测量晶体管放大倍数的专用刻度线。

第四条刻度线是测量电容的专用刻度线。

第五条刻度线是测量电感的专用刻度线。

图 2-15　MF-47 型指针式万用表的刻度盘

第六条刻度线是音频电平测量的专用刻度线。

（2）操作面板。MF-47 型指针式万用表的操作面板如图 2-16 所示。

图 2-16　MF-47 型指针式万用表的操作面板

2. 万用表操作前的准备

（1）将万用表水平放置。

（2）机械调零。指针式万用表的表笔开路时，其指针应指在左侧“0”的位置。如不在“0”位，可用螺钉旋具微调，使指针处于“0”位。这就是使用万用表测量前进行的机械调零，此调整又称为表头校正，如图 2-17所示。

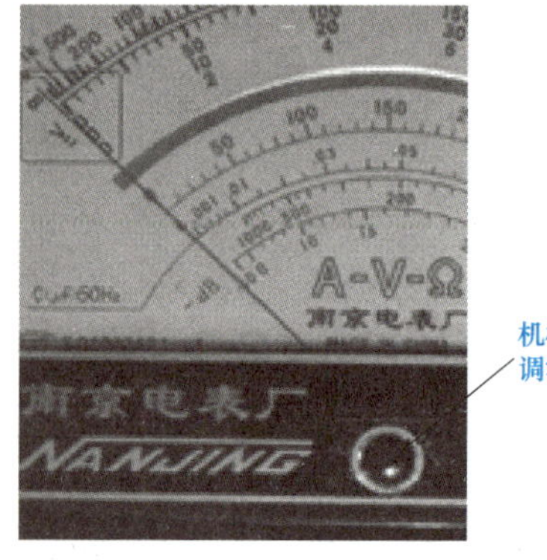

图 2-17　机械调零

（3）插好表笔。将红、黑表笔分别插入表笔插孔，红表笔插入标有“+”的插孔，黑表笔插入标有“COM”或“-”的插孔。

（4）估计被测量的大小，将量程开关放在适当的量程档上，如果不知被测量的大小，应先用最高档，然后

再逐级向低量程档调整。

（5）万用表不用时，将量程开关放在 OFF 档或交流电压的最高档上，如图 2-18 所示。

图 2-18　万用表不用时量程开关的放置位置

3. 万用表正确读数的步骤

（1）根据档位与量程开关所处位置，明确满量程的值。

（2）计算每小格所代表的值。

（3）明确指针所占的格数。

（4）计算测量值：

$$被测电流(电压)值=\frac{刻度示值}{满刻度偏转值}\times 量程$$

$$被测电阻值=刻度示值\times 倍率(\Omega)$$

温馨提示：读数时，测量者的视线与表盘垂直，即实际指针与刻度盘上的镜中指针重合，才能正确地读取刻度示值。

技能训练　万用表的使用

一、训练工具、仪表及器材

训练工具、仪表及器材见表 2-15。

表 2-15　训练工具、仪表及器材

名　　称	数量	名　　称	数量
75mm 一字螺钉旋具	1 把	MF-47 型指针式万用表	1 块
150mm 尖嘴钳	1 把	三相交流调压器(带电压表)	1 台
150mm 剥线钳	1 把	手电筒电路	1 套
75mm 十字螺钉旋具	1 把	直流稳压电源	2 台
150mm 斜口钳	1 把	不同阻值的电阻	若干

二、训练内容

1. 万用表测量电阻

万用表测量电阻的方法见表 2-16。

表 2-16　万用表测量电阻的方法

测量步骤	示 意 图
将量程开关放在电阻档(Ω)，估算被测电阻的大小，选择适当的量程(如：$R\times100$)	
将两表笔短接，调节调零电阻，使得指针指在“0” Ω 处	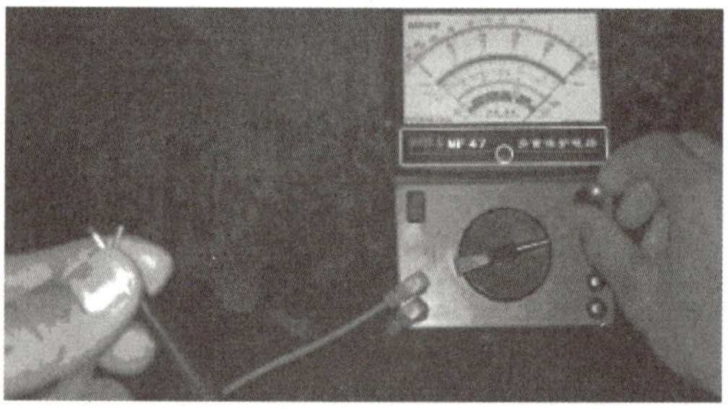
松开两表笔，并联在被测电阻两端	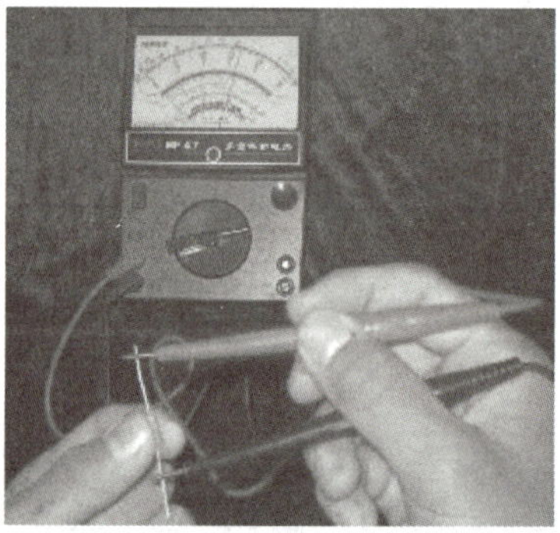
读出指针在 Ω 刻度线上的读数，再乘以该档标的数字，就是所测电阻的阻值	

注：表中所测电阻的阻值为 9×100＝900Ω。

温馨提示：测量电路板中的电阻时，必须将被测电阻与其他元件断开，并切断电路板上的电源（即不能带电测电阻）。测量中不能用手接触表笔的金属部分，以免人体电阻并入，引起测量误差；同时应使万用表的指针处在刻度线的中部或右部，这样读数比较准确。每改变一次电阻量程档位，都必须重新调零。

2. 万用表测量直流电流

万用表测量直流电流的方法见表2-17。

表2-17　万用表测量直流电流的方法

测量步骤	示意图
首先将量程开关放在直流电流档，估算被测直流电流的大小，将量程开关放在适当的量程档上（如DC500mA档）	
把万用表串联在被测电路中，其中红表笔接电路的高电位端，黑表笔接电路的低电位端	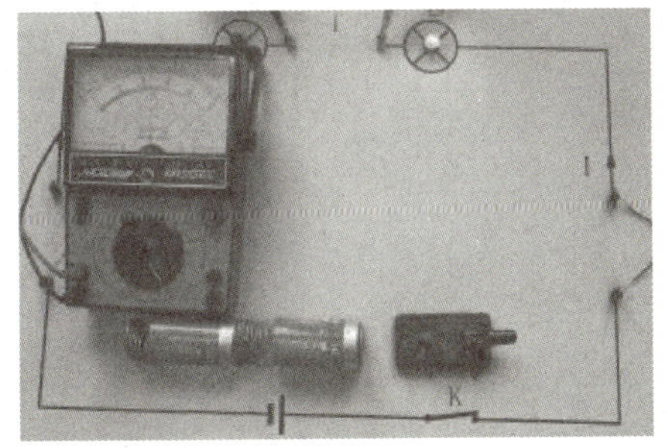
根据该量程档数字与标直流电流符号（DC mA）刻度线上的指针所指数字，读出被测直流电流的大小	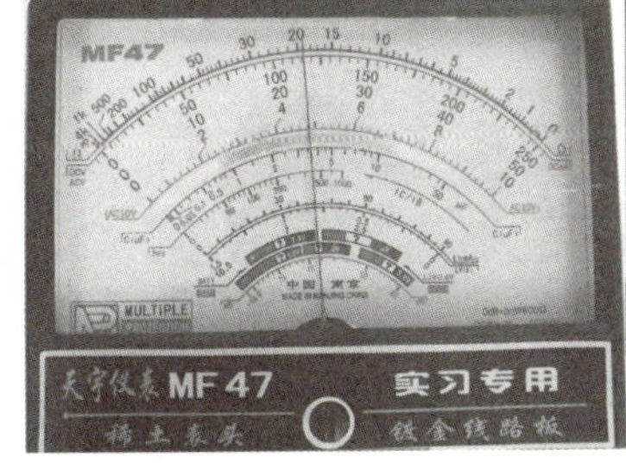 

注：表中所测电路的直流电流值为230mA。

温馨提示：用万用表测量电流时，必须将万用表串联在被测电路中，“+”接线柱接电源的正极一端，“-”接线柱接电源的负极一端；同时应使指针处在刻度线的后$\frac{1}{3}$段，这样读数比较准确。

3. 万用表测量直流电压

万用表测量直流电压的方法见表 2-18。

表 2-18　万用表测量直流电压的方法

测量步骤	示　意　图
首先将量程开关放在直流电压档，估算被测直流电压的大小，将量程开关放在适当的量程档上（如 DC10V 档）	
将红表笔接被测电压的“+”端，黑表笔接被测电压的“-”端	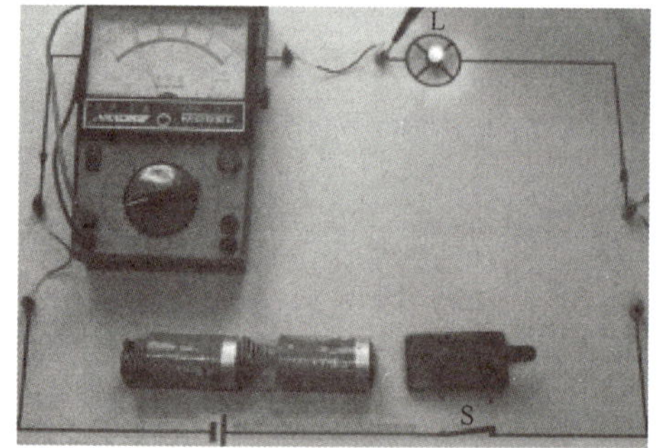
然后根据该量程档数字与标直流符号（DC）刻度线上的指针所指数字，读出被测直流电压的大小	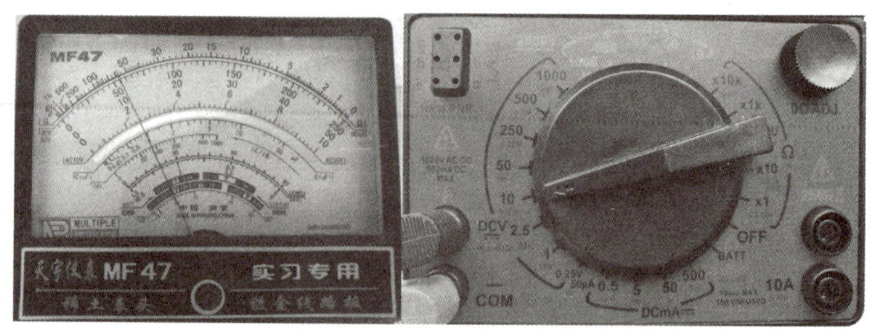

注：表中所测电路的电压值为 2.1V。

温馨提示：用万用表测量电压时，必须将万用表并联在被测电路两端，“+”接线柱接电源的正极一端，“-”接线柱接电源的负极一端；同时应使指针处在刻度线的后1/3段，这样读数比较准确。

另外，交流电压的测量与直流电压的测量方法相同，只是交流电压没有正、负之分。即用万用表测量交流电压时，首先将量程开关放在交流电压档，估算被测交流电压的大小，将量程开关放在适当的量程档上；将两表笔并接在被测电路两端，然后根据该量程档数字与标交流符号（AC）刻度线上的指针所指数字，读出被测交流电压的大小。

温馨提示：指针式万用表直流电流、直流电压和交流电压的刻度线共用。另外，测量电流和电压时，严禁在测量过程中旋转量程开关选择量程。

三、训练步骤

1. 认识MF-47型指针式万用表

2. 机械调零、插好表笔

3. 测量电阻

（1）将量程开关放在电阻档（Ω）。

（2）估算被测电阻的大小，选择适当的量程。

（3）将万用表两表笔短接，调节调零电阻，使得指针指在“0”Ω处，松开两表笔。

（4）将万用表两表笔并联在被测电阻两端，读出所测电阻的阻值。

4. 测量直流电流

（1）将量程开关放在直流电流档。

（2）估算被测直流电流的大小，选择适当的量程。

（3）将万用表串联在被测电路中，其中红表笔接电路的高电位端，黑表笔接电路的低电位端。

（4）读出被测直流电流的大小。

5. 测量直流电压

（1）将量程开关放在直流电压档。

（2）估算被测直流电压的大小，选择适当的量程。

（3）将万用表并联在被测电路两端，其中红表笔接电路“+”端，黑表笔接电路的“-”端。

（4）读出被测直流电压的大小。

6. 测量交流电压

（1）将量程开关放在交流电压档。

（2）估算被测交流电压的大小，选择适当的量程。

（3）将万用表并联在被测电路两端。

（4）读出被测交流电压的大小。

四、任务评价

万用表的认识和使用评价见表2-19。

表 2-19 万用表的认识和使用评价

班级			学号		姓名		
序号	评价内容	配分	评分标准	评价结果/分			综合得分
				自评	小组评	教师评	
1	MF-47 型指针式万用表的认识	10	(1)刻度线混淆,每次扣 5 分; (2)操作面板不清晰,每次扣 5 分				
2	机械调零、插表笔	5	(1)不会机械调零,每次扣 3 分; (2)表笔插孔不规范,每次扣 3 分				
3	电阻的测量	20	(1)不能正确选择量程,每次扣 5 分; (2)测量前未调零,每次扣 5 分; (3)带电测电阻,每次扣 5 分; (4)测量方法不正确,每次扣 5 分				
4	直流电流的测量	15	(1)不能正确选择量程,每次扣 5 分; (2)测量方法不正确,每次扣 5 分; (3)读数不正确,每次扣 5 分				
5	直流电压的测量	15	(1)不能正确选择量程,每次扣 5 分; (2)测量方法不正确,每次扣 5 分; (3)读数不正确,每次扣 5 分				
6	交流电压的测量	15	(1)不能正确选择量程,每次扣 5 分; (2)测量方法不正确,每次扣 5 分; (3)读数不正确,每次扣 5 分				
7	同组协作	20	互相帮助、共同学习				
8	安全文明生产	只扣分,不加分	(1)发生安全事故,扣 10 分; (2)材料摆放零乱,扣 5 分; (3)实训结束后,工具不归位,扣 5 分				
合计							

学生在任务完成过程中遇到的问题记录:

温馨提示:安全文明生产实施倒扣分,即只扣分,不加分;其他项目扣分,错一项扣一项分,但不超过其配分。

任务5　绝缘电阻表的认识及使用

知识储备

1. 绝缘电阻表的用途和结构

绝缘电阻表习称兆欧表，是一种测量电气设备及线路绝缘电阻的仪表，如图2-19所示。通过对绝缘电阻的测定，可以检查电动机、电气线路和电气设备的绝缘是否良好，能否安全运行等。

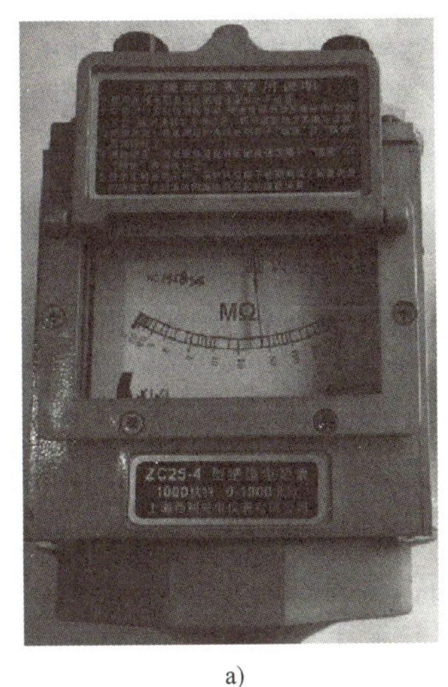

a)

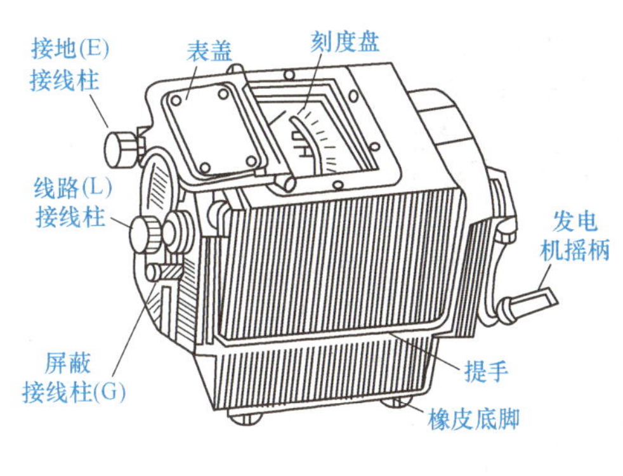

b)

图2-19　绝缘电阻表
a）实物图　b）结构图

绝缘电阻表主要由手摇直流发电机、表头和3个接线柱（L为线路端、E为接地端、G为屏蔽端）三个部分组成。一般被测物都接在L、E之间，但当被测绝缘体漏电严重（或测量电缆的绝缘电阻）时，必须把被测物的屏蔽环或不需测量的部分与G相连接。

2. 绝缘电阻表的选择

绝缘电阻表按其额定电压的不同，可分为500V、1000V、2500V和5000V四种；按其量程的不同，可分为0~200MΩ和0~2000MΩ两种。选用绝缘电阻表主要是从测量电压及测量范围两方面考虑的。

测量额定电压在500V以下的设备或线路的绝缘电阻时，应选用500V或1000V绝缘电阻表；测量额定电压在500V以上的设备或线路的绝缘电阻时，应选用1000~2500V绝缘电阻表。

量程的选用：一般测量低压电器设备绝缘电阻时，可选用0~200MΩ量程的绝缘电阻表；测量高压电器设备或电缆时，可选用0~2000MΩ量程的绝缘电阻表。

温馨提示：普通电阻的测量，通常有低电压下测量和高电压下测量两种方式。万用表内的电池电压太低，由于在低电压下测量的值不能反映在高电压条件下工作时真正的绝缘电阻值，因此测量绝缘电阻时，不能使用万用表，而要使用绝缘电阻表。

3. 绝缘电阻表使用前的检查

测量前，先将绝缘电阻表进行一次开路试验和短路试验，以检验绝缘电阻表是否正常，具体方法见表 2-20。

表 2-20　绝缘电阻表使用前的检查

示　意　图	要点提示
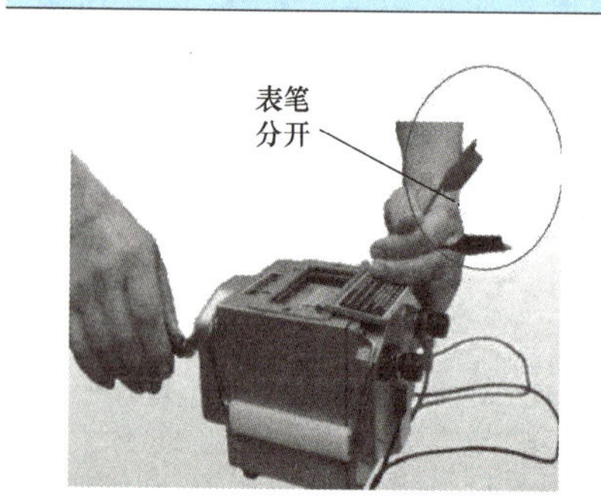	开路试验：在绝缘电阻表未接通被测电阻之前，摇动手柄使发电机达到 120r/min 的额定转速，观察指针是否指在标度尺的“∞”位置，若指针不能指在标度尺的“∞”位置，则可判断此绝缘电阻表是坏的，应更换
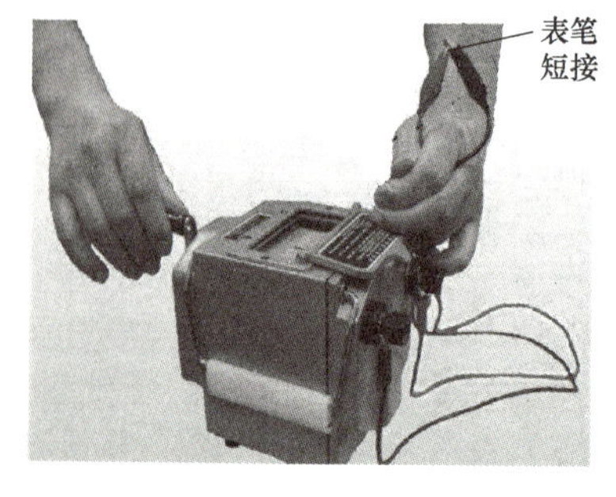	短路试验：在绝缘电阻表未接通被测电阻之前，缓慢摇动手柄，观察指针是否指在标度尺的“0”位置。若指针不能指到标度尺的“0”位置，则可判断此绝缘电阻表是坏的，应更换

4. 绝缘电阻表测量时的注意事项

（1）测量绝缘电阻必须在被测设备或线路停电的状态下进行，对含有大电容的设备，测量前应先进行放电，测量后也应及时放电，放电时间不得小于 2min，以保证人身安全。

（2）绝缘电阻表与被测设备间的连接导线不能用双股绝缘线或绞线，应用单股线分开单独连接，以避免线间电阻引起的误差。

（3）绝缘电阻表使用时应放在平稳、牢固的地方，且远离大的外电流导体和外磁场。

（4）摇动手柄时，应由慢渐快至额定转速 120r/min。摇测过程中不得用手触及被测设备，还要防止外人触及。

（5）测量具有大电容设备的绝缘电阻时，读数后不能立即停止摇动绝缘电阻表，以防已充电的设备放电而损坏绝缘电阻表。

温馨提示：如果摇动手柄后指针即指到零值，则表示绝缘已损坏，不能再继续摇，否则将使绝缘电阻表内的线圈烧坏。

技能训练　绝缘电阻表的使用

一、训练工具、仪表及器材

训练工具、仪表及器材见表 2-21。

表 2-21　训练工具、仪表及器材

名　　称	数量	名　　称	数量
75mm 一字螺钉旋具	1 把	75mm 十字螺钉旋具	1 把
150mm 尖嘴钳	1 把	电工刀	1 把
150mm 剥线钳	1 把	200mm 活扳手	1 把
绝缘电阻表	1 块	0.75kW 三相异步电动机	1 台
AC 220V 插孔电源箱	1 只	$(3\times2.5+1\times1.5)\text{mm}^2$ 电缆线	若干米

二、训练内容

绝缘电阻表的使用方法见表 2-22。

表 2-22　绝缘电阻表的使用方法

测量项目	示　意　图	要点提示
照明或电力线路对地绝缘电阻的测量	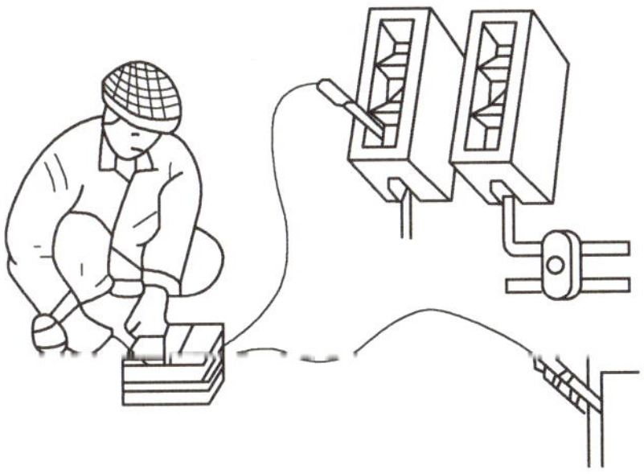	将绝缘电阻表接地柱 E 端可靠地接地，L 端接到被测线路上，顺时针摇动绝缘电阻表的发电机摇把，由慢渐快至额定转速为 120r/min，一般约 1min 后发电机转速稳定时，表针稳定下来，这时表针指示的数值就是所测的绝缘电阻值
电动机每相绕组对地绝缘电阻的测量	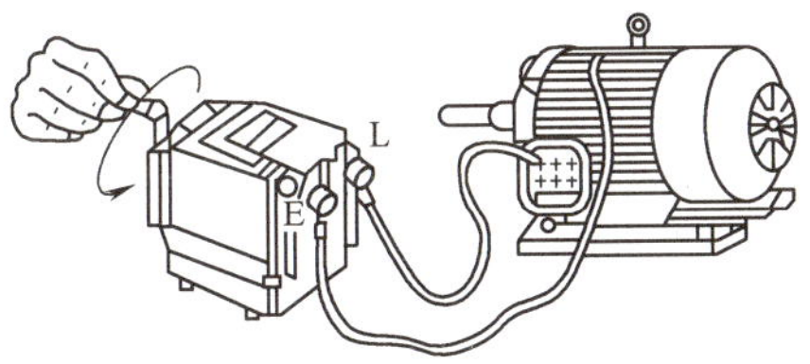	将绝缘电阻表接线柱 E 端接机壳，L 端接到电动机绕组上，顺时针摇动绝缘电阻表的发电机摇把，由慢渐快至额定转速为 120r/min，一般约 1min 后发电机转速稳定时，表针稳定下来，这时表针指示的数值就是所测的绝缘电阻值
电动机相间绝缘电阻的测量	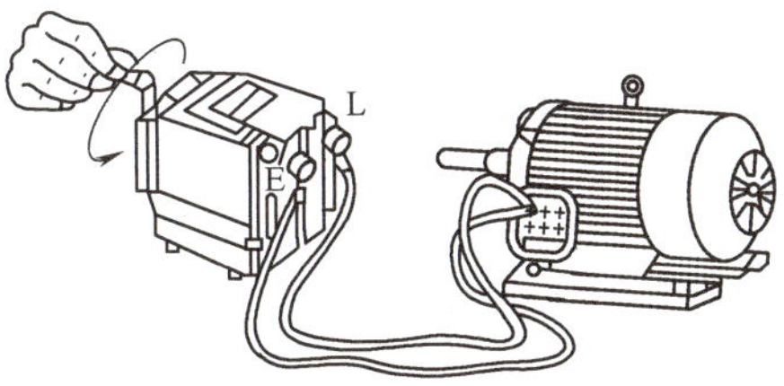	将绝缘电阻表接线柱的 L 端和 E 端分别接不同的两相绕组，顺时针摇动绝缘电阻表的发电机摇把，由慢渐快至额定转速为 120r/min，一般约 1min 后发电机转速稳定时，表针稳定下来，这时表针指示的数值就是所测的绝缘电阻值

（续）

测量项目	示 意 图	要点提示
电缆绝缘电阻的测量	L E G	测量电缆的导电芯与电缆外壳的绝缘电阻时，除将被测端分别接绝缘电阻表的E端和L端两接线柱外，还需将接线柱G端接到电缆壳芯之间的绝缘层上。顺时针摇动绝缘电阻表的发电机摇把，由慢渐快至额定转速为120r/min，一般约1min后发电机转速稳定时，表针稳定下来，这时表针指示的数值就是所测的绝缘电阻值

温馨提示：测量低压线路绝缘时，相线与相线之间的绝缘电阻不小于0.38MΩ、相线与中性线之间的绝缘电阻不小于0.22MΩ；移动电动工具的绝缘电阻不小于2MΩ；500V以下的电动机，其每相绕组对地和相间绝缘电阻值应不小于0.5MΩ（全部更换绕组后的电动机绝缘电阻一般应不小于5MΩ）。

三、训练步骤

1. 绝缘电阻表使用前的检查：开路试验和短路试验

2. 测量电路对地的绝缘电阻

（1）将绝缘电阻表接地柱E端可靠地接地，L端接到被测线路上。

（2）顺时针摇动绝缘电阻表的发电机摇把，由慢渐快至额定转速为120r/min。

（3）1min后读数，记录数值。

3. 测量电动机每相绕组对地的绝缘电阻

（1）打开电动机接线盒，拆除Y或△联结片。

（2）将绝缘电阻表接线柱E端接电动机的外壳，L端各接到电动机绕组U、V、W相上。

（3）顺时针摇动绝缘电阻表的发电机摇把，由慢渐快至额定转速为120r/min。

（4）1min后读数，记录数值。

4. 测量电动机相间的绝缘电阻

（1）打开电动机接线盒，拆除Y或△联结片。

（2）将绝缘电阻表接线柱E端、L端分别接到电动机绕组UV、VW、UW相上。

（3）顺时针摇动绝缘电阻表的发电机摇把，由慢渐快至额定转速为120r/min。

（4）1min后读数，记录数值。

5. 测量电缆的绝缘电阻

（1）将绝缘电阻表接线柱E端接电缆线的外壳，L端接到电缆线的线芯，G端接到线芯与外壳之间的绝缘层上。

（2）顺时针摇动绝缘电阻表的发电机摇把，由慢渐快至额定转速为120r/min。

（3）1min后读数，记录数值。

四、任务评价

绝缘电阻表的使用评价见表 2-23。

表 2-23　绝缘电阻表的使用评价

班级			学号		姓名		
序号	评价内容	配分	评分标准	评价结果/分			综合得分
				自评	小组评	教师评	
1	绝缘电阻表使用前的检查	20	(1)手摇发电机不规范，每次扣10分； (2)开路和短路试验不规范，每次扣10分				
2	测量电路对地的绝缘电阻	15	(1)电路连接不正确，每次扣5分； (2)仪表使用不正确，每次扣5分； (3)操作方法不正确，每次扣5分				
3	测量电动机每相绕组对地的绝缘电阻	15	(1)电路连接不正确，每次扣5分； (2)仪表使用不正确，每次扣5分； (3)操作方法不正确，每次扣5分				
4	测量电动机相间的绝缘电阻	15	(1)电路连接不正确，每次扣5分； (2)仪表使用不正确，每次扣5分； (3)操作方法不正确，每次扣5分				
5	测量电缆的绝缘电阻	15	(1)电路连接不正确，每次扣5分； (2)仪表使用不正确，每次扣5分； (3)操作方法不正确，每次扣5分				
6	同组协作	20	互相帮助、共同学习				
7	安全文明生产	只扣分，不加分	(1)发生安全事故，扣10分； (2)材料摆放零乱，扣5分； (3)实训结束后，工具不归位，扣5分				
合计							

学生在任务完成过程中遇到的问题记录：

温馨提示：安全文明生产实施倒扣分，即只扣分，不加分；其他项目扣分，错一项扣一项分，但不超过其配分。

任务6　钳形电流表的认识及使用

知识储备

1. 钳形电流表的用途和结构

钳形电流表简称钳形表，是一种不需要断开电路就可以直接测量交流电路电流的便携式仪表，在电气检修中有着非常广泛的应用。

钳形电流表是由电流互感器和电流表组合而成的，如图 2-20 所示。捏紧手柄时可以张开电流互感器的铁心；被测载流导线可以不必切断就可穿过铁心张开的钳口，当放开手柄后，铁心闭合。

2. 钳形电流表使用注意事项

（1）使用前应检查钳形电流表的外形，要求外壳无破损，手柄清洁干燥，以防触电。

（2）使用前还应检查钳形电流表的指针是否指向零位，是否需要进行机械调零，以及钳口可动部分是否开合自如，两边钳口结合面是否接触紧密等。

（3）被测载流导线的电压要低于钳形电流表的额定电压，钳形电流表不能测量裸导体的电流。

（4）选择量程应稍大于被测载流导线的电流数值，若不知道被测载流导线的电流大小，先选最大量程估测。

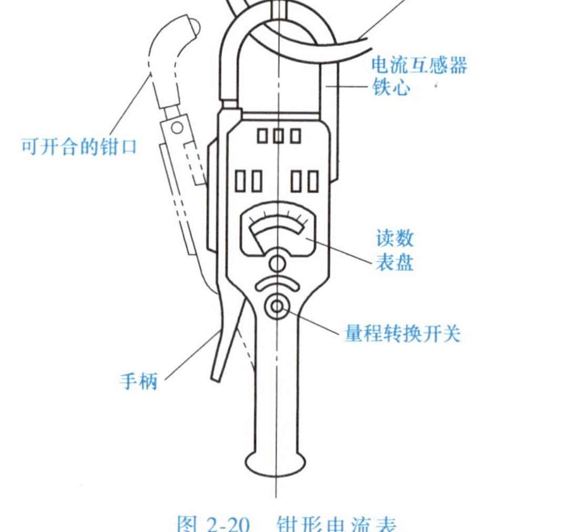

图 2-20　钳形电流表

（5）每次只能测量一根载流导线。测量时，将被测载流导线置于钳形电流表的钳口中间，并使其两钳口结合面紧密闭合，以减少误差。

（6）严禁测量过程中切换档位，若需要换档，应先将被测导线从钳口中退出，再更换档位。

（7）钳形电流表使用完毕后，应将量程开关旋至最大量程档，以免下次使用时，不慎损坏钳形电流表。

3. 钳形电流表正确读数的步骤

（1）根据量程开关所处位置，明确满量程的值。

（2）计算每小格所代表的值。

（3）明确指针所占的格数。

（4）计算测量电流值：

$$被测电流值=\frac{刻度示值}{满刻度偏转值\times导线在钳口中的圈数}\times量程$$

温馨提示：测量小电流时，为使读数更准确，在条件允许的情况下，可将被测载流导线多绕几圈再放入钳形电流表的钳口。

技能训练　钳形电流表的使用

一、训练工具、仪表及器材

训练工具、仪表及器材见表 2-24。

表 2-24　训练工具、仪表及器材

名　称	数量	名　称	数量
75mm 一字螺钉旋具	1 把	75mm 十字螺钉旋具	1 把
150mm 尖嘴钳	1 把	电工刀	1 把
150mm 剥线钳	1 把	200mm 活扳手	1 把
钳形电流表	1 块	4kW 三相异步电动机	1 台
交流三相四线电源箱	1 只	16A 三相刀开关	1 把
$2.5mm^2$ 铜芯塑料线（红、黄、蓝）	各若干米	10A 单相刀开关	1 把
40W 白炽灯电路	1 套		

二、训练内容

钳形电流表的使用方法见表 2-25。

表 2-25　钳形电流表的使用方法

测量项目	示　意　图	要点提示
测量 5A 以上的电流		估算被测电流的大小，选择合适的量程，按紧手柄，使钳口张开，将被测导线放入钳口中央，松开手柄钳口自动闭合。当被测导线中有交流电流通过时，钳形电流表就会显示被测的交流电流值

（续）

测量项目	示意图	要点提示
测量5A以下的较小电流		由于钳形电流表本身精度较低，在测量小电流时，可采用下述方法：先将被测电路的导线绕几圈，再放进钳形电流表的钳口内进行测量。此时钳形电流表所指示的电流值并非被测量的实际值，实际电流应为钳形电流表的读数除以导线缠绕的圈数

温馨提示：在测量过程中，如发现钳形电流表有杂声，应检查钳口处是否有污垢存在。若有，则要用煤油擦干净后再进行测量。

三、训练步骤

训练前教师先把白炽灯电路、电动机电路通过刀开关连接至交流三相四线电源箱上，并能正常工作。

1. 电动机起动电流测量训练

（1）估算被测电流的大小，选择钳形电流表的合适量程，按紧手柄，使钳口张开，将任意一根三相刀开关至电动机的连接导线放入钳口中央，松开手柄钳口自动闭合。

（2）合上三相刀开关，观察钳形电流表指针显示位置。

（3）读数，记录数值。

2. 电动机空载电流测量训练

（1）合上三相刀开关，使电动机正常运转。

（2）估算被测电流的大小，选择钳形电流表的合适量程，按紧手柄，使钳口张开，将任意一根三相刀开关至电动机的连接导线放入钳口中央，松开手柄钳口自动闭合。

（3）观察钳形电流表指针显示位置，读数并记录数值。

3. 小电流测量训练

（1）合上单相刀开关，使白炽灯发光。

（2）估算被测电流的大小，选择钳形电流表的合适量程，按紧手柄，使钳口张开，将任意一根单相刀开关至白炽灯的连接导线在钳口中央绕十圈，松开手柄钳口自动闭合。

（3）观察钳形电流表指针显示位置，读数，记录数值。

四、任务评价

钳形电流表的使用评价见表2-26。

表 2-26　钳形电流表的使用评价

班级			学号		姓名		
序号	评价内容	配分	评分标准	评价结果/分			综合得分
				自评	小组评	教师评	
1	电动机起动电流测量	30	(1)操作步骤不正确,每次扣 10 分; (2)仪表使用不正确,每次扣 10 分; (3)读数误差大,每次扣 10 分				
2	电动机空载电流测量	20	(1)操作步骤不正确,每次扣 10 分; (2)仪表使用不正确,每次扣 10 分; (3)读数误差大,每次扣 10 分				
3	小电流测量	30	(1)操作步骤不正确,每次扣 10 分; (2)仪表使用不正确,每次扣 10 分; (3)读数误差大,每次扣 10 分				
4	同组协作	20	互相帮助、共同学习				
5	安全文明生产	只扣分,不加分	(1)发生安全事故,扣 10 分; (2)材料摆放零乱,扣 5 分; (3)实训结束后,工具不归位,扣 5 分				
合计							

学生在任务完成过程中遇到的问题记录:

温馨提示:安全文明生产实施倒扣分,即只扣分,不加分;其他项目扣分,错一项扣一项分,但不超过其配分。

项目3

导线的连接工艺

情景导入

电气连接是电工作业的一项基本工序，也是一项十分重要的工序。很多电气故障是由于电气连接不规范、不可靠引起导线发热或线路电压降过大导致的，它给电力设备安全运行或居民的安全用电埋下隐患，严重时会引发火灾。电气连接的质量关系着电路运行的可靠性和安全性，因此掌握本项目的技能非常有必要。本项目主要从导线绝缘层的剖削、导线连接以及导线绝缘层的恢复三方面进行训练。

知识目标

（1）能识别常用的塑料硬线、软线、护套线及 7 股铜芯导线；

（2）熟悉导线绝缘层的剖削、导线连接和导线绝缘层恢复的方法。

技能目标

（1）熟练使用常用电工工具；

（2）掌握导线常用的连接操作；

（3）掌握导线绝缘层的剖削和绝缘层恢复的方法。

任务 1　导线绝缘层的剖削

知识储备

导线的基本常识

按每根导线的股数绝缘导线可分为单股线和多股线，通常 $6mm^2$ 以上的绝缘导线都是多股线，$6mm^2$ 及以下的绝缘导线可以是单股线，也可以是多股线，所以又把 $6mm^2$ 及以下单股线称为硬线，多股线称为软线。硬线用“B”表示，软线用“R”表示。

常用的绝缘导线有聚氯乙烯绝缘导线和橡皮绝缘导线。聚氯乙烯绝缘导线有 BV、BLV、

BVR，橡皮绝缘导线有 BX、BLX、BXH、BXS。其中 B 为硬线，V 为聚氯乙烯塑料护套（一个 V 代表一层绝缘，例如两 V 代表双层绝缘），L 为铝线，无 L 为铜线，R 为软线 ，S 为双芯，X 为橡皮，H 为花线。

例如，BV 为铜芯塑料硬线，BLV 为铝芯塑料硬线，BVR 为铜芯塑料软线，BX 为铜芯橡皮线，BLX 为铝芯橡皮线，BXH 为铜芯橡皮花线，BXS 为铜芯双芯橡皮线。

技能训练　导线绝缘层的剖削

导线绝缘层的剖削是导线加工的第一步，是为以后导线的连接做准备。专业电工人员必须学会用电工刀、剥线钳、尖嘴钳或钢丝钳来剖削导线的绝缘层。

一、训练工具及器材

训练工具及器材见表 3-1。

表 3-1　训练工具及器材

名　　称	数量	名　　称	数量
200mm 钢丝钳	1 把	电工刀	1 把
150mm 尖嘴钳	1 把	150mm 剥线钳	1 把
$6mm^2$ 单股硬铜芯塑料线	若干米	$2.5mm^2$ 单股硬铜芯塑料线	若干米
$1.5mm^2$ 铜芯塑料护套线	若干米	2×45/0.15mm 多股软铜芯塑料线	若干米

二、训练内容

导线绝缘层的剖削工艺见表 3-2。

表 3-2　导线绝缘层的剖削工艺

操作项目	示意图	操作步骤及要求
塑料硬线绝缘层的剖削		导线线芯面积为 $4mm^2$ 及以下的硬塑料线，一般用钢丝钳进行剖削，剖削方法如下： （1）用左手捏住导线，根据导线头所需长短用钢丝钳口切割绝缘层，但不可切入芯线； （2）然后用右手握住钢丝钳头部，用力向外勒去绝缘层； （3）剖削出的芯线应保持完整无损，如损坏较大应重新剖削
	a) 电工刀以45°角倾斜切入塑料绝缘层 b) 刀以15°角倾斜推削 c) 向后扳翻绝缘层，用电工刀齐根切去	导线面积大于 $4mm^2$ 的塑料硬线，可用电工刀来剖削绝缘层，方法如下： （1）根据所需的长度用电工刀以 45°角倾斜切入塑料绝缘层，如左图 a 所示； （2）再将电工刀刀面与芯线保持 15°角，用力向线端推削，不可切入芯线，削去上面一层塑料绝缘，露出芯线，如左图 b 所示； （3）接着将芯线下面的塑料绝缘层向后扳翻，最后用电工刀齐根切去，如左图 c 所示

（续）

操作项目	示意图	操作步骤及要求
塑料软线绝缘层的剖削		用钢丝钳或尖嘴钳剖削：方法同用钢丝钳剖削塑料硬线
		用剥线钳剖削：方法同剥线钳的使用方法
塑料护套线绝缘层的剖削		（1）按所需长度用电工刀刀尖对准芯线缝隙间划开护套层； （2）向后翻护套层，用刀齐根切去； （3）在距离护套层5~10mm处，用电工刀以45°角倾斜切入绝缘层，其他剖削方法如同剖削塑料硬线

温馨提示：钢丝钳、尖嘴钳和剥线钳在剖削导线前，应检查它们手柄的绝缘是否良好，以免带电作业时造成触电事故。另外，在带电剪切导线时，不得用刀口同时剪切两根导线，以免发生短路事故。

三、训练步骤

1. 6mm² 单股硬铜芯塑料线的剖削（用电工刀剖削绝缘层）

（1）根据所需的长度用电工刀以45°角倾斜切入塑料绝缘层。

（2）再将电工刀刀面与芯线保持15°角左右，用力向线端推削，不可切入芯线，削去上面一层塑料绝缘，露出芯线。

（3）接着将芯线下面的塑料绝缘层向后扳翻，最后用电工刀齐根切去。

2. 2.5mm² 单股硬铜芯塑料线的剖削（用钢丝钳剖削绝缘层）

（1）用左手捏住导线，根据导线头所需长短用钢丝钳口切割绝缘层，但不可切入芯线。

（2）用右手握住钢丝钳头部，用力向外勒去绝缘层。

（3）剖削出的芯线应保持完整无损，如损坏较大，应重新剖削。

3. 2×45/0.15mm 多股软铜芯塑料线的剖削

（1）用钢丝钳剖削绝缘层的步骤参见2.5mm² 单股硬铜芯塑料线的剖削步骤。

（2）用剥线钳剖削绝缘层。

① 根据导线的粗细型号，选择相应的剥线刀口。

② 将准备好的导线放在剥线工具的刀刃中间，选择好要剥线的长度。

③ 握住剥线钳手柄，将导线夹住，缓缓用力将导线外表皮慢慢剥落，松开剥线钳手柄，取出导线。

4. 1.5mm² 铜芯塑料护套线的剖削

（1）按所需长度用电工刀刀尖对准芯线缝隙间划开护套层。

（2）向后翻护套层，用电工刀齐根切去。

（3）在距离护套层 5~10mm 处，用电工刀以 45°角倾斜切入绝缘层。

（4）用钢丝钳或剥线钳剖削护套线中的塑料硬线。

四、任务评价

导线绝缘层的剖削评价见表 3-3。

表 3-3　导线绝缘层的剖削评价

班级			学号		姓名		
序号	评价内容	配分	评分标准	评价结果/分			综合得分
				自评	小组评	教师评	
1	6mm² 单股硬铜芯塑料线的剖削	20	(1)导线剖削方法不正确扣 5 分； (2)导线损伤，每根扣 3 分； (3)导线根部剖削不整齐，每根扣 2 分				
2	2.5mm² 单股硬铜芯塑料线的剖削	20	(1)导线剖削方法不正确扣 5 分； (2)导线损伤，每根扣 3 分； (3)导线根部剖削不整齐，每根扣 2 分				
3	2×45/0.15mm 多股软铜芯塑料线的剖削	20	(1)导线剖削方法不正确扣 5 分； (2)导线损伤，每根扣 3 分； (3)导线根部剖削不整齐，每根扣 2 分				
4	1.5mm² 铜芯塑料护套线的剖削	20	(1)导线剖削方法不正确扣 5 分； (2)导线损伤，每根扣 3 分； (3)导线根部剖削不整齐，每根扣 2 分				
5	同组协作	20	互相帮助、共同学习				
6	安全文明生产	只扣分，不加分	(1)发生安全事故，扣 10 分； (2)材料摆放零乱，扣 5 分； (3)实训结束后，工具不归位，扣 5 分				
合计							

学生在任务完成过程中遇到的问题记录：

温馨提示：安全文明生产实施倒扣分，即只扣分，不加分；其他项目扣分，错一项扣一项分，但不超过其配分。

任务2　导线的连接

知识储备

导线连接的要求及方法

导线连接是电工需掌握的重要的工艺之一，当导线不够长或要分接支路时，就要将导线与导线连接，常用导线的连接方法随线芯的股数不同而异。另外，在各种电器或电气装置上，均有连接导线的接线桩，因此，作为一个电气工作人员，必须掌握导线与各种形式接线桩的连接方法，对线芯线头按工艺处理。

1. 导线连接的基本要求

导线连接的质量直接关系到整个线路能否安全可靠地长期运行。对导线连接的基本要求是：连接牢固可靠、接头美观、机械强度高、耐腐蚀、耐氧化、电气绝缘性能好。

2. 导线的连接方法

导线的连接工艺见表3-4。

表3-4　导线的连接工艺

操作项目	示　意　图	操作步骤及要求
双股线的对接	连接点　线芯　外护套层　内绝缘层　连接点　线芯	将两根待连接的导线头中颜色一致的线芯按单股导线的直接连接方式连接，然后用相同的方法将另一颜色的线芯连接在一起。注意：两个连接点要错开
两不等径导线的连接	缠紧　细导线线芯　粗导线线芯	先将细导线线芯在粗导线线芯上紧密缠绕5~6圈
	粗导线线芯　折回压紧	然后将粗导线线芯的线头折回紧压在缠绕层上
	继续缠绕	再用细导线线芯在粗导线线芯上继续缠绕3~4圈后剪去多余线头即可

（续）

操作项目	示意图	操作步骤及要求
软线与单股硬导线的连接		先将软线拧成单股导线，再在单股硬导线上缠绕7～8圈，最后将单股硬导线向后弯曲，以防止脱落
单股导线与平压式接线桩的连接		首先剥去导线头的绝缘层，在离导线绝缘层根部约3mm处向外侧折角
		然后按略大于螺钉直径弯曲圆弧，再剪去线芯余端
		把线芯弯成羊眼圈，将羊眼圈套在螺钉上，弯曲的方向应与螺钉拧紧的方向一致，通过垫圈拧紧螺钉，紧压导线
单股导线与瓦形接线桩的连接		将单股导线线芯端按略大于瓦形垫圈螺钉直径弯成“U”形，螺钉穿过“U”形孔压在垫圈下旋紧
		如果需要把两个线头接入一个瓦形接线桩内，则应使两个弯成“U”形的线头重合，然后将其卡入瓦形垫圈下方进行压接
7股线芯压接圈弯法		剖削导线，把离绝缘层根部约1/2处的线芯重新缠紧，越紧越好
		绞紧部分的线芯，在离绝缘层根部1/3处向左外折角，然后弯曲圆弧

（续）

操作项目	示　意　图	操作步骤及要求
7股线芯压接圈弯法		当圆弧弯曲成圆圈（约剩下1/4）时，应将余下的线芯向右外折角，然后使其成圆形，捏平余下线端，使两端线芯平行
		把散开的线芯按2、2、3根线芯扳起，垂直于线芯（要留出垫圈边宽）
		按7股线芯直线对接的自缠法加工
		连接成形
线头与针孔式接线桩的连接		在针孔式接线桩上接线时，如果单股线芯与接线桩插线孔大小适宜，只要把线芯插入针孔，旋紧螺钉即可
		如果单股线芯较细，则要把线芯折成双根，再插入针孔；或选一根直径大小相宜的同材质导线作绑扎线，在已绞紧的线头上紧密缠绕一层，线头和针孔合适后再进行压接
		如果是多根软芯线，必须先绞紧线芯，再插入针孔，切不可有细丝露在外面，以免发生短路事故。若线头过大，插不进针孔，可将线头散开，适量减去中间几股，然后绞紧线头，进行压接

温馨提示：导线连接前，必须利用电工刀去除导线线头的漆膜、氧化层和污物，但不得将铜线刮细刮断。直径在0.07mm以下的漆包线不便去掉绝缘层，只需将待接的两接线头并拢后，拧成麻花形状再用打火机（或火柴）直接烧焊即可。

技能训练1　单股导线的直接、T字分支连接

一、训练工具及器材

训练工具及器材见表3-5。

表 3-5　训练工具及器材

名　称	数量	名　称	数量
150mm 尖嘴钳	1 把	150mm 剥线钳	1 把
电工刀	1 把	200mm 钢丝钳	1 把
$4mm^2$ 单股硬铜芯塑料线	若干米	$1.5mm^2$ 单股硬铜芯塑料线	若干米

二、训练内容

单股导线的直接、T 字分支连接方法见表 3-6。

表 3-6　单股导线的直接、T 字分支连接

操作项目	示　意　图	操作步骤及要求
单股导线的直接连接	X形交叉 绝缘层 线芯	把两线头的线芯成 X 形相交
	缠绕方向 缠绕方向	互相缠绕 2~3 圈，然后扳直两线头
		将每个线头在线芯上紧贴并缠绕 6 圈。用钢丝钳切去余下的线芯，并钳平线芯的末端
单股导线的 T 字分支连接	干线 支线	将支线线芯的线头与干线线芯十字相交，使支线线芯根部留出约 3~5mm
		按照顺时针方向缠绕支线芯线，缠绕 6~8 圈后，用钢丝钳切去支线余下的线芯，并钳平线芯末端

三、训练步骤

1. 单股导线的直接连接

（1）用钢丝钳或剥线钳剥开两段单股硬铜芯塑料线的绝缘层，其绝缘层剥开长度要使两导线足够缠绕 6 圈。

（2）把两导线头的线芯缠绕成 X 形相交。

（3）互相缠绕 2~3 圈，然后扳直两线头。

（4）将每个线头在线芯上紧贴并缠绕 6 圈。用钢丝钳切去余下的线芯，并钳平线芯的末端。

2. 单股导线的 T 字分支连接

（1）用电工刀、钢丝钳或剥线钳剥开单股铜导线（支线）一端的端头绝缘层和另一根（干线）中间一段的绝缘层。

（2）将支线线芯的线头与干线线芯十字相交，使支线线芯根部留出约 3~5mm。

（3）按照顺时针方向缠绕支线线芯，缠绕 6~8 圈后，用钢丝钳切去支线余下的线芯，并钳平线芯末端。

技能训练 2　7 股导线的直接、T 字分支连接

一、训练工具及器材

训练工具及器材见表 3-7。

表 3-7　训练工具及器材

名　　称	数量	名　　称	数量
150mm 尖嘴钳	1 把	150mm 剥线钳	1 把
电工刀	1 把	200mm 钢丝钳	1 把
$10mm^2$ 硬铝芯塑料线	若干米	$25mm^2$ 硬铝芯塑料线	若干米

二、训练内容

7 股导线的直接、T 字分支连接方法见表 3-8。

表 3-8　7 股导线的直接、T 字分支连接

操作项目	示　意　图	操作步骤及要求
7 股导线的直接连接		先将剖去绝缘层 1/3 的线芯绞紧，然后把余下的 2/3 线芯分散成伞状，并将每根线芯拉直
		把两个伞状线芯头隔根对叉，并捏平两端线芯
		把一端的 7 股线芯按 2、2、3 根分成三组，接着将第一组 2 根线芯扳起，垂直于线芯，并按顺时针方向缠绕
		缠绕 2 圈后，将余下的线芯向右扳直，再将第二组的 2 根线芯扳直，也按顺时针方向紧紧压着前 2 根扳直的线芯缠绕

（续）

操作项目	示 意 图	操作步骤及要求
7 股导线的直接连接		缠绕 2 圈后，也将余下的线芯向右扳直，再将第三组的 3 根线芯扳直，按顺时针方向紧紧压着前 4 根扳直的线芯向右缠绕
		缠绕 3 圈后，切去每组多余的线芯，钳平线端
		用同样的方法再缠绕另一边线芯
7 股导线的 T 字分支连接方法	1/8	把分支线芯近绝缘层 1/8 的线芯绞紧，将支路线头的 7/8 线芯分成 2 组，一组 4 根，另一组 3 根，并排齐
		然后用螺钉旋具把干线的线芯撬分二组，再把支线中 4 根线芯的一组插入干线两组线芯中间，把支线中 3 根线芯的一组放在干线线芯的前面
		将右边 3 根线芯的一组往干线一边按顺时针紧紧缠绕 3~4 圈，钳平线端
		再将左边 4 根线芯的一组按逆时针方向往干线上缠绕 4~5 圈后，钳平线端

三、训练步骤

1. 7 股导线的直接连接

（1）将 7 股导线剪切为等长的两段，用电工刀剥开两根导线一端的绝缘层。

（2）将剖去绝缘层的 1/3 线芯绞紧，然后把余下的 2/3 线芯分散成伞状，并将每根线芯拉直。

（3）将两个伞状线芯头隔根对叉，并捏平两端线芯。

（4）将一端的 7 股线按 2、2、3 根分成三组，接着将第一组 2 根线芯扳起，垂直于线芯，并按顺时针方向缠绕。

（5）缠绕 2 圈后，将余下的线芯向右扳直，再将第二组的 2 根线芯扳直，按顺时针方向紧紧压着前 2 根扳直的线芯缠绕。

（6）缠绕 2 圈后，继续将余下的线芯向右扳直，再将第三组的 3 根线芯扳直，按顺时针方向紧紧压着前 4 根扳直的线芯向右缠绕。

（7）缠绕 3 圈后，切去每组多余的线芯，钳平线端。

（8）用同样的方法再缠绕另一根线芯。

2. 7 股导线的 T 字分支连接

（1）用电工刀剥开 7 股导线干线和支线各一端部的绝缘层。

（2）把分支线芯近绝缘层 1/8 的线芯绞紧，把支路线头的 7/8 线芯分成 2 组，一组 4 根，另一组 3 根，并排齐。

（3）用螺钉旋具把干线的线芯撬分二组，再将支线中 4 根线芯的一组支线插入干线两组线芯中间，而把 3 根线芯的一组支线放在干线线芯的前面。

（4）将右边 3 根线芯的一组往干线一边按顺时针方向紧紧缠绕 3~4 圈，钳平线端。

（5）再将左边 4 根线芯的一组按逆时针方向往干线上缠绕 4~5 圈，钳平线端。

四、任务评价

导线绝缘层的剖削评价见表 3-9。

表 3-9　导线绝缘层的剖削评价

班级			学号		姓名		
序号	评价内容	配分	评分标准	评价结果/分			综合得分
				自评	小组评	教师评	
1	单股导线的直接连接	15	(1)导线剖削长度控制不准确，扣 5 分； (2)绞接松弛、接触不好，扣 5 分				
2	单股导线的 T 字分支连接	15	(1)导线剖削长度控制不准确，扣 5 分； (2)绞接松弛、接触不好，扣 5 分				
3	7 股导线的直接连接	20	(1)导线剖削长度控制不准确，扣 5 分； (2)绞接松弛、接触不好，扣 5 分				
4	7 股导线的 T 字分支连接	30	(1)导线剖削长度控制不准确，扣 5 分； (2)绞接松弛、接触不好，扣 5 分				
5	同组协作	20	互相帮助、共同学习				
6	安全文明生产	只扣分，不加分	(1)发生安全事故，扣 10 分； (2)材料摆放零乱，扣 5 分； (3)实训结束后，工具不归位，扣 5 分				
合计							

学生在任务完成过程中遇到的问题记录：

温馨提示：安全文明生产实施倒扣分，即只扣分，不加分；其他项目扣分，错一项扣一项分，但不超过其配分。

任务3 导线绝缘层的恢复

知识储备

绝缘恢复材料及恢复方法

为了保证用电安全，导线的绝缘层破损后，必须加以恢复，恢复后的绝缘层的强度应不低于原有的绝缘层强度。绝缘恢复材料常用的是黄蜡带和绝缘胶布。

1. 绝缘恢复材料

（1）绝缘胶布：绝缘胶布是一种常用的电工绝缘材料，俗称黑胶布，其耐电性能为施加1kV电压时保持1min不会被击穿。

（2）黄蜡带：黄蜡带分布纹、斜纹两种，常用于一般低压电机、电器的衬垫绝缘或线圈绝缘包扎。

2. 导线绝缘层的恢复方法

（1）线圈内部导线绝缘层的恢复一般采用衬垫法，即在导线绝缘层破损处（或接头处）上下衬垫一层绝缘材料，采用这种方法，绝缘层前后两端都要放出长于破损长度的余量。恢复时，应根据线圈层间和匝间承受的电压等级及线圈的技术要求，选取相应的绝缘材料。

（2）线圈外部绝缘层的恢复通常采用包缠法，即从完整绝缘层上开始包缠，包缠两根胶带宽度后方可进行连接处芯线部分的包缠，包缠至另一端时，也同样需包入完整绝缘层上两根胶带宽度的距离。

（3）电力线绝缘层的恢复也采用包缠法，通常用黄蜡带和绝缘胶布作为绝缘层的恢复材料，绝缘恢复材料的胶带宽度一般在20mm左右，包缝较为方便。用于380V线路上的导线绝缘层恢复时，必须先包缠1~2层黄蜡带，然后再包缠一层绝缘胶布。

3. 导线绝缘层恢复注意事项

（1）用在380V线路上的导线进行绝缘恢复时，必须要先包缠1~2层黄蜡带，然后再包缠一层绝缘胶布。

（2）用在220V线路上的导线进行绝缘恢复时，应先包缠一层黄蜡带，然后再包缠1~2层绝缘胶布。

（3）包缠绝缘胶布过程中，要疏密适当，不能露出芯线，以免造成触电或者是短路事故的发生。

（4）绝缘胶布不用时，不要放在温度过高的地方，避免出现黏接热化的情况。

技能训练 导线绝缘层的恢复

导线绝缘层破损后必须加以恢复（包括因连接需要而剖削去的绝缘层），恢复后的绝缘层强度应不低于原有的绝缘层强度。

一、训练工具及器材

训练工具及器材见表 3-10。

表 3-10　训练工具及器材

名　　称	数量	名　　称	数量
200mm 钢丝钳	1 把	电工刀	1 把
150mm 尖嘴钳	1 把	150mm 剥线钳	1 把
导线连接	若干个	黄蜡带	1 卷
1.5mm² 铜芯塑料护套线	若干米	绝缘胶布	1 卷

二、训练内容

导线绝缘层的恢复工艺见表 3-11。

三、训练步骤

1. 直接连接导线绝缘层的包缠方法

（1）将绝缘胶布从导线左边完整的绝缘层上开始包缠，包缠两根胶带宽度后方可进入无绝缘层的线芯部分。

表 3-11　导线绝缘层的恢复工艺

操作项目	示意图	操作步骤	要求
直接连接导线绝缘层的包缠方法	约两根胶带宽度	将绝缘胶布从导线左边完整的绝缘层上开始包缠，包缠两根胶带宽度后方可进入无绝缘层的线芯部分，进行包缠	（1）进行绝缘层恢复时，应包缠两层绝缘胶布； （2）包缠时不能过疏，更不允许露出线芯，以免造成触电或短路事故
	1/2　45°	包缠时，绝缘胶布与导线保持约 45°倾斜角，每圈压叠胶带宽度的 1/2	
		包缠至另一端后，在线芯完整绝缘层上再包缠 3～4 圈，然后将绝缘胶布朝相反方向再斜叠包缠一层（也要每圈压叠胶带宽度的 1/2）即可	

（续）

操作项目	示意图	操作步骤	要求
分支连接导线的绝缘层恢复	两倍胶带宽度 包缠起点 两倍胶带宽度 绝缘胶布 两倍胶带宽度 包缠起点 两倍胶带宽度 两倍胶带宽度 绝缘胶布	（1）T字分支接头进行绝缘层恢复时，包缠方向如左图所示。走一个T字形的来回，使每根导线上都包缠两层绝缘胶布，每根导线都应包缠到完好绝缘层的两倍胶带宽度处 （2）十字分支接头进行绝缘处理时，包缠方向如左图所示。走一个十字形来回，使每根导线上都包缠两层绝缘胶布，每根导线都应包缠到完好绝缘层的两倍胶带宽度处	（1）进行绝缘层恢复时，应包缠两层绝缘胶布； （2）包缠时不能过疏，更不允许露出线芯，以免造成触电或短路事故

（2）包缠时，绝缘胶布与导线保持约45°倾斜角，每圈压叠胶带宽度的1/2。

（3）包缠至另一端后，在线芯完整绝缘层上再包缠3～4圈，然后将绝缘胶布朝相反方向再斜叠包缠一层（也要每圈压叠胶带宽度的1/2）即可。

2. T字分支连接导线的绝缘层恢复

（1）将黄蜡带从接头左端开始包缠，每圈压叠胶带宽度的1/2左右。

（2）缠绕至支线时，用左手拇指顶住左侧直角处的黄蜡带带面，使它紧贴于转角处线芯，而且处于接头顶部的黄蜡带带面尽量向右侧斜压。

（3）当绕到右侧转角处时，用手指顶住右侧直角处黄蜡带带面，将黄蜡带带面在干线顶部向左侧斜压，使其与被压在下边的带面呈X形交叉，然后把黄蜡带回绕到左侧转角处。

（4）将黄蜡带从接头交叉处开始在支线上向下包缠，并使黄蜡带向右侧倾斜。

（5）在支线上绕至绝缘层上约两个胶带宽度时，黄蜡带折回向上包缠，并使黄蜡带向左侧倾斜，绕至接头处，使黄蜡带围绕过干线顶部，然后开始在干线右侧线芯上进行包缠。

（6）包缠至干线右端的完好绝缘层后，再接上绝缘胶布，按上述方法包缠一层即可。

3. 十字分支连接导线的绝缘层恢复

（1）将绝缘胶布从接头左端开始包缠，每圈压叠胶带宽度1/2左右。

（2）缠绕至支线时，用左手拇指顶住左侧直角处的绝缘胶布带面，使它紧贴于转角处线芯，而且处于接头顶部的绝缘胶布带面尽量向右侧斜压。

（3）当绕到右侧转角处时，用手指顶住右侧直角处绝缘胶布带面，将绝缘胶布带面在干线顶部继续向右侧斜压至另一端后，然后将绝缘胶布朝相反方向再斜叠包缠。

（4）当绕到右侧转角处时，用右手拇指顶住右侧直角处的绝缘胶布带面，使它紧贴于转角处线芯，而且处于接头顶部的绝缘胶布带面尽量向左侧斜压。

（5）当绕到左侧转角处时，用手指顶住左侧直角处绝缘胶布带面，将绝缘胶布带面在干线顶部向右侧斜压，使其与被压在下面的绝缘胶布带面呈 X 形交叉，然后把绝缘胶布回绕到右侧转角处。

（6）使绝缘胶布从接头交叉处开始在支线上向下包缠，并使绝缘胶布向右侧倾斜。

（7）在支线下端绕至绝缘层上约两个带宽时，绝缘胶布折回向上包缠，并使绝缘胶布向左侧倾斜，绕至接头处，使绝缘胶布绕过干线顶部，然后开始在支线上端线芯上进行包缠。

（8）在支线顶端绕至绝缘层上约两个胶带宽度时，绝缘胶布折回向下包缠，并使绝缘胶布向右侧倾斜，绕至接头处，用手指顶住左侧直角处绝缘胶布带面，将绝缘胶布带面在干线左端向左侧斜压，包缠至干线左端的完好绝缘层后结束。

四、任务评价

导线绝缘层的恢复评价见表 3-12。

表 3-12　导线绝缘层的恢复评价

班级		学号		姓名			
序号	评价内容	配分	评分标准	评价结果/分			综合得分
				自评	小组评	教师评	
1	直接连接导线绝缘层的恢复	20	(1)包缠过疏,扣5分; (2)露出线芯,扣5分; (3)导线缠绕方法不正确,扣20分				
2	T字分支连接导线绝缘层的恢复	30	(1)包缠过疏,扣5分; (2)露出线芯,扣5分; (3)导线缠绕方法不正确,扣20分				
3	十字分支连接导线绝缘层的恢复	30	(1)包缠过疏,扣5分; (2)露出线芯,扣5分; (3)导线缠绕方法不正确,扣20分				
4	同组协作	20	互相帮助、共同学习				
5	安全文明生产	只扣分,不加分	(1)发生安全事故,扣10分; (2)材料摆放零乱,扣5分; (3)实训结束后,工具不归位,扣5分				
合计							
学生在任务完成过程中遇到的问题记录:							

温馨提示：安全文明生产实施倒扣分，即只扣分，不加分；其他项目扣分，错一项扣一项分，但不超过其配分。

项目4

照明电路的安装与检修

情景导入

照明电路是电工线路中的基础线路，也是最简单的线路之一。随着现代化住宅楼的大量兴建，照明电路安装与检修的任务也越来越多。通过本项目的学习，可以了解和掌握日常生活的基本技能，将学到的知识运用到生活中去。

知识目标

(1) 认识并了解家庭照明电路中的有关元器件；

(2) 理解白炽灯、荧光灯的结构与安装检修的基本知识；

(3) 理解内线安装的基本知识和相关工艺要求；

(4) 了解家庭配电线路及器材选用的基本知识。

技能目标

(1) 会安装白炽灯、荧光灯，并能排除其典型故障；

(2) 初步学会在建筑物内进行管道布线；

(3) 初步学会正确选择家庭照明电路的相关器材；

(4) 会安装家庭照明电路，并能排除其典型故障。

任务1　白炽灯电路的安装与检修

知识储备

常用照明电光源与灯具

1. 照明方式

照明方式是指照明设备按其安装部位或光的分布而构成的基本制式。就安装部位而言，有一般照明、局部照明和混合照明等，见表4-1。选择合理的照明方式，对改善照明质量、提高经济效益和节约能源等有着重要的作用，并且还关系到建筑装修的整体艺术效果。

表 4-1　照明方式

照明方式	示意图	说明
一般照明		不考虑局部的特殊需要，为照亮整个室内而采用的照明方式，如家庭室内照明等
局部照明		为满足室内某些部位的特殊需要，在一定范围内设置照明灯具的照明方式，如车床上的工作灯、家庭中的台灯等
混合照明		由一般照明和局部照明组成的照明，如车间照明等

2. 常用照明电光源

电气照明的重要组成部分是照明电光源和灯具。电光源是一种把电能转换成光能的装置，通常把电光源叫做电灯。自最初的白炽灯诞生以来，照明电光源已有百余年的历史，随着科学技术的不断发展，相继涌现出众多的电光源品种，以适应各种场合的照明需求。常用照明电光源见表 4-2。

表 4-2　常用照明电光源

常用照明电光源	举例	说明
热辐射型电光源	主要有白炽灯、卤钨灯两种	白炽灯和卤钨灯都是依靠灯内的钨丝通电流后产生热效应而发光的，钨丝属于金属导体，在电路中显示纯电阻性，不影响供电电源的交流参数，对电源质量不会产生危害，对电源设备不构成影响
气体放电型电光源	主要有荧光灯、节能型荧光灯、高压汞灯、高压钠灯、金属卤化物灯等	该电光源主要是以原子辐射形式产生光辐射。根据这些光源中气体的压力，又可分为低气压气体电光源和高气压气体电光源

（续）

常用照明电光源	举　例	说　明
其他电光源	LED 节能灯	LED 即半导体发光二极管，是一种固态的半导体器件，它可以直接把电能转化为光能。LED 节能灯使用的高亮度白色发光二极管发光源光效高、耗电少、寿命长、易控制、免维护、安全环保，是新一代固体冷光源，适用家庭、商场、银行、医院、宾馆、饭店等各种公共场所长时间照明。无闪直流电，对眼睛起到很好的保护作用，是台灯、手电筒的最佳选择

温馨提示：LED 节能灯，被誉为 21 世纪的绿色照明产品，将逐渐取代传统的电光源，越来越广泛地应用于娱乐、建筑物室内外、城市美化、景观照明中。

3. 常用照明灯具

（1）常用照明灯具见表 4-3。

表 4-3　常用照明灯具

常用照明灯具	示　意　图	说　明
白炽灯		常见的白炽灯由玻壳、灯丝、导线、感柱、灯头等组成。工作电压在 6～36V 的白炽灯为安全照明灯（又称为低压灯），作局部照明用；工作电压在 220～330V 的普通白炽灯，做一般照明用
荧光灯		常见的荧光灯由灯管、镇流器、辉光启动器等组成，其发光效率较高，约为白炽灯的 4 倍，具有光色好、寿命长、发光柔和等优点
高压汞灯		常用的高压汞灯使用寿命是白炽灯的 2.5～5 倍，其发光效率是白炽灯的 3 倍，具有耐振耐热性、线路简单、安装方便等优点，缺点是造价高、启辉时间长，对电压波动适应能力差
高压钠灯		高压钠灯利用高压钠蒸气放电，其辐射光的波长集中在人眼感受较灵敏的范围内，紫外线辐射少、光效高、寿命长、透雾性好，使用时必须配用镇流器，否则易损坏
碘钨灯		碘钨灯具有构造简单、使用可靠、光色好、体积小、发光效率比白炽灯高 30%左右、功率大、安装维修方便等特点，灯管温度高达 500～700℃，必须水平安装，倾角不得大于 4°，但其造价较高

（续）

常用照明灯具	示 意 图	说　明
LED 节能灯	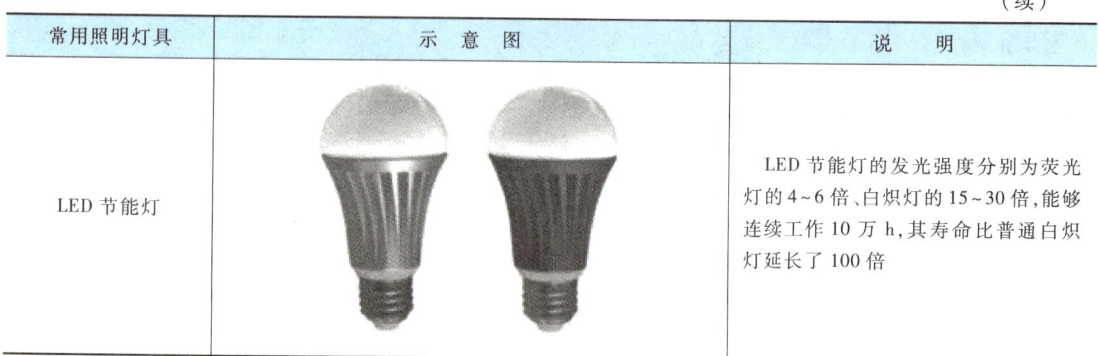	LED 节能灯的发光强度分别为荧光灯的4~6倍、白炽灯的15~30倍，能够连续工作10万h，其寿命比普通白炽灯延长了100倍

温馨提示：澳大利亚政府推出了一项逐步采用节能荧光照明设备，以减少温室气体排放的计划，从2010年开始全面禁止使用白炽灯。这是世界上第一个淘汰白炽灯的国家。我国于2011年10月1日开始，实施阶段淘汰白炽灯计划，2014年10月1日起，我国开始禁止进口和销售60W及以上的普通照明用白炽灯。从2016年10月1日起，禁止进口和销售15W及以上的白炽灯。

（2）灯具的布置。灯具的布置要根据房间内家具的摆设、车间内生产设备的分布情况、建筑结构形式和视觉工作特点等条件来进行。布灯的方式一是使整个工作面照度分布均匀，灯具间隔和行距都保持均匀；方式二是进行局部足够亮度的选择性布灯。

① 灯具离墙的距离：布灯合理，照度均匀，灯具离墙不能太远。一般要求灯具到墙的距离为灯具间距的1/3~1/2。

② 灯具的距高比（L/h）：灯具的布置是否合理，主要取决于灯具的间距 L 和计算高度 h 的比值是否恰当。L/h 值小，照度均匀度好，但投资多，经济性差；L/h 过大，布灯就稀少，照度均匀度就差。各种灯具的最大允许距高比 L/h 可从有关资料中查得。

荧光灯的形状是不对称于灯具轴线的，所以它的最大允许距高比有横向（B-B）和纵向（A-A）两个。灯具布置合理，可以有效地消除在主要观察范围内的反射眩光。

实际布灯的距高比小于最大允许距高比时，照度均匀度就能满足要求。

③ 灯具的悬挂高度：灯具的悬挂高度（距地高度）以不产生炫目为限，可以在2~12m工作活动范围内选择，还应当考虑防止碰撞和触电等电气安全的要求。一般为0.3~1.5m，可取0.7m；在有行车的车间里，灯具的垂度应满足行车顺利通过；吸顶灯垂度为0。垂度过大，既浪费材料又容易使灯具摆动，影响照明质量。

④ 灯具的安装必须牢固，采用导线自身做吊线时，只适用于质量小于1kg的灯具；质量超过1kg的灯具，应采用链吊或管吊；质量超过3kg的灯具，必须固定在预埋挂钩或螺栓上。

温馨提示：照明电光源和灯具是照明电器的两个主要部件，照明电光源提供发光源，灯具起固定电光源的作用。

4. 照明电光源的选择

选用照明电光源应根据照明要求和使用场所的特点，综合考虑以下几方面因素：

（1）照明开闭频繁、需要及时点亮、需要调光的场所，或因频闪效应影响视觉效果，

以及防止电磁波干扰的场所，如交通信号灯、应急照明灯、舞台灯、剧院调光灯及电台、通信中心用灯等，宜采用卤钨灯。

(2) 振动较大的场所，如冶金车间、锻造加工车间，宜采用荧光灯、高压汞灯或高压钠灯。有高挂条件并需大面积照明的场所，如施工工地、足球场、中心广场等，宜采用金属卤化物灯。

(3) 识别颜色要求较高、视看条件要求较好的场所，如商店、百货商场、纺织品检验车间，宜采用三基色荧光灯和卤钨灯。

(4) 对于一般性生产车间和辅助车间、仓库和站房，以及非生产性建筑物、办公楼、宿舍、厂区道路等，优先考虑采用投资低廉的简易荧光灯。

(5) 选用电光源时，还应考虑照明电光源的安装高度。如荧光灯适于2~3m，高压汞灯适于3.5~6.5m，卤钨灯适于6~7m，金属卤化物灯适于6~14m，高压钠灯适于6~7m。

(6) 在同一场所，当采用一种电光源的光色较差时（显色指数低于50），一般可考虑采用两种或多种电光源混光的办法，以改善光色。

技能训练1 白炽灯电路安装

白炽灯的结构简单，使用可靠，价格低廉，装修方便，是一种应用非常广泛的照明电光源。白炽灯电路是照明电路的基础。对于初学电工，首先应掌握其安装技术。

一、训练工具、仪表及器材

训练工具、仪表及器材见表4-4。

表4-4 训练工具、仪表及器材

名称	数量	名称	数量
75mm 一字螺钉旋具	1把	75mm 十字螺钉旋具	1把
150mm 尖嘴钳	1把	150mm 剥线钳	1把
电工刀	1把	低压验电器	1支
MF-47 型指针式万用表	1只	45cm×100cm 木工板	1块
AC 220V 插孔电源箱	1个	螺口平灯座	2个
单相插头	1个	7#线卡	1盒
15W 螺口白炽灯泡	2只	86 型单开关接线盒	2个
10A 单相刀开关	1个	$1mm^2$ 单股铜芯塑料线	若干米
五孔插座	1个	3.5mm×20mm 自攻螺钉	若干
绝缘胶布	1卷		

二、训练内容

1. 一只开关控制一盏白炽灯电路

一只开关控制一盏白炽灯电路原理图、电路中使用的电气元件及接线图见表4-5。

表 4-5　一只开关控制一盏白炽灯电路原理图、使用的电气元件及接线图

电路原理图		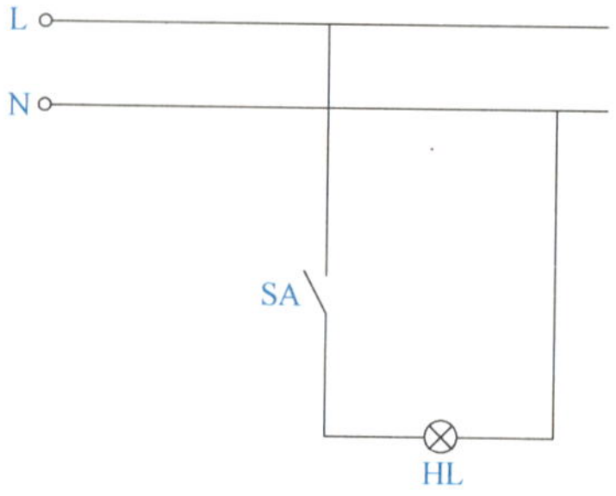 L　N　SA　HL
电路中使用的电气元件	开关	
	灯座	
	白炽灯	
接线图		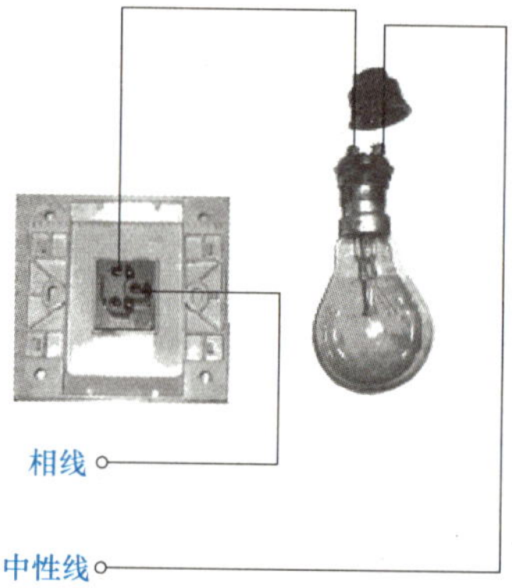 相线　中性线

温馨提示：安装白炽灯的口诀为灯座、开关要串联，相线进开关，中性线进灯座。另外，在安装螺口白炽灯时，相线必须经开关接到螺口灯座的中性接线座上，以防触电。

2. 一只开关控制两盏白炽灯电路

一只开关控制两盏白炽灯电路的原理图及接线图见表 4-6。

表 4-6　一只开关控制两盏白炽灯电路的原理图及接线图

电路原理图	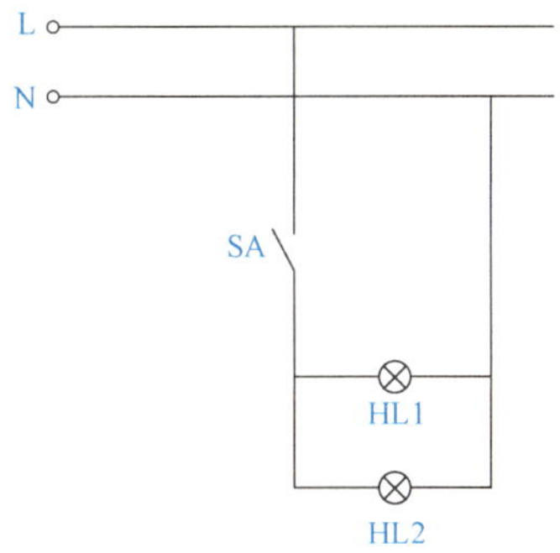 L N SA HL1 HL2
接线图	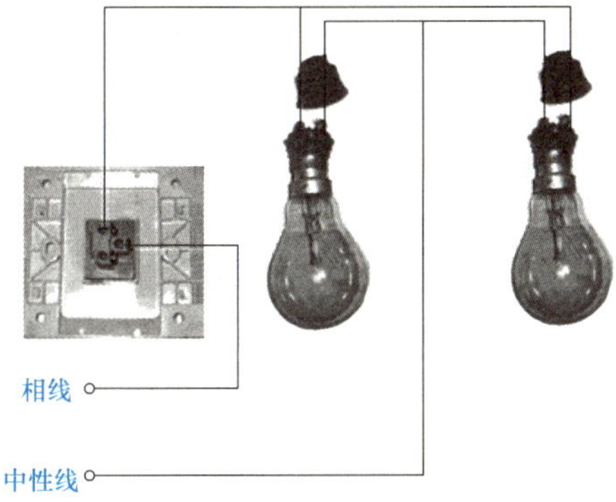 相线 中性线

3. 两只开关控制一盏白炽灯电路

两只开关控制一盏白炽灯电路的原理图及接线图见表 4-7。

4. 一只开关控制一盏灯并另外连接一只插座电路

一只开关控制一盏灯并另外连接一只插座的电路原理图及接线图见表 4-8。

三、训练步骤

1. 根据实际安装位置条件绘制安装白炽灯电路图
2. 配齐所用电气元件并进行质量检验
3. 按照白炽灯电路图安装接线

（1）依照实际安装的位置，确定单相刀开关、开关、插座、白炽灯的安装位置，并做好标记。布局要合理、整齐、美观、紧凑。

(2) 定位划线。按照已确定单相刀开关、开关、插座、白炽灯的位置，进行定位划线。

(3) 打孔并固定单相刀开关、接线盒。选择适宜的木螺钉固定，安装时做到整齐美观。

(4) 装接单相刀开关、开关和插座。将单相刀开关、开关和插座分别接线，同时进行灯座接线，接线不要松动，线头接到电气接线桩时，做到不裸铜、不压皮，线芯露出端子不超过 2mm；接线盒内的导线大约 8~10cm。

表 4-7　两只开关控制一盏白炽灯电路的原理图及接线图

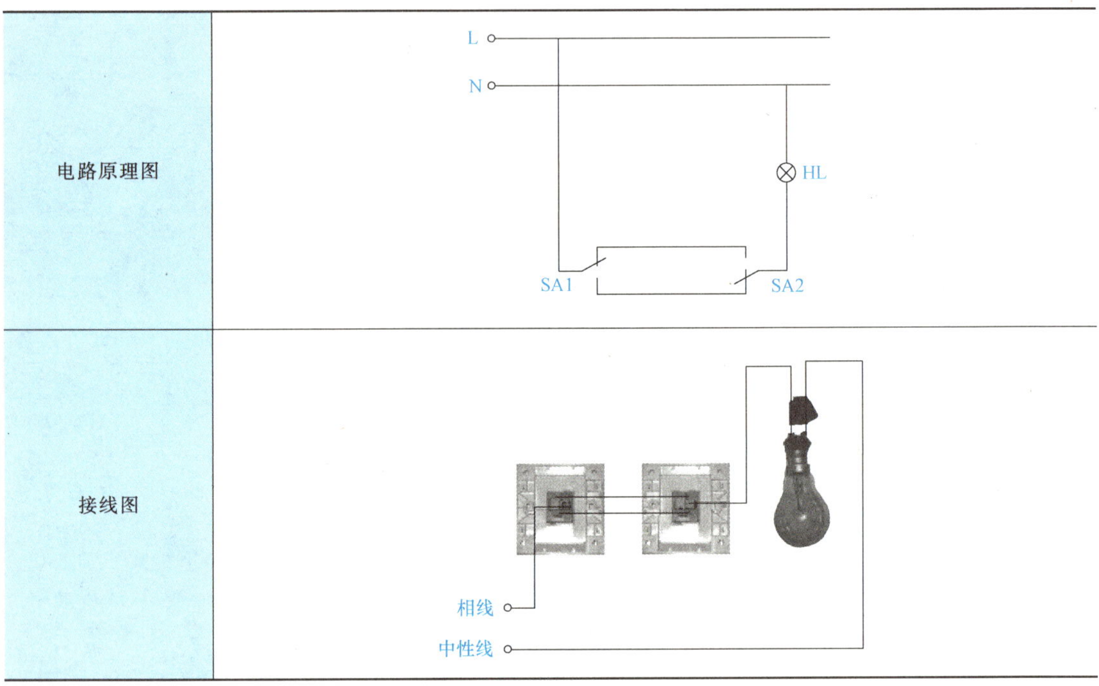

(5) 固定导线。操作时要依据横平竖直的原则，做到美观、工整，变换走向应垂直 90°，单层并排束，尽量导线少而不交叉。

(6) 安装白炽灯时，将单相刀开关的进线端子与单相插头连接。

4. 检查电路及通电试验

(1) 按照白炽灯电路图用万用表电阻档检测接线是否正确。将万用表的两表笔分别接单相插头的两端，正常情况下合上开关，电阻应为白炽灯的电阻值，断开开关，电阻应为无穷大。

表 4-8　一只开关控制一盏灯并另外连接一只插座电路的电路原理图及接线图

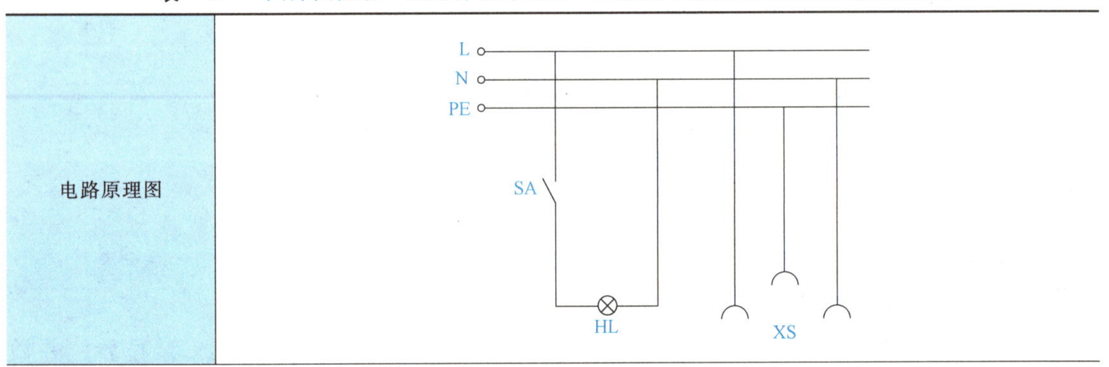

（续）

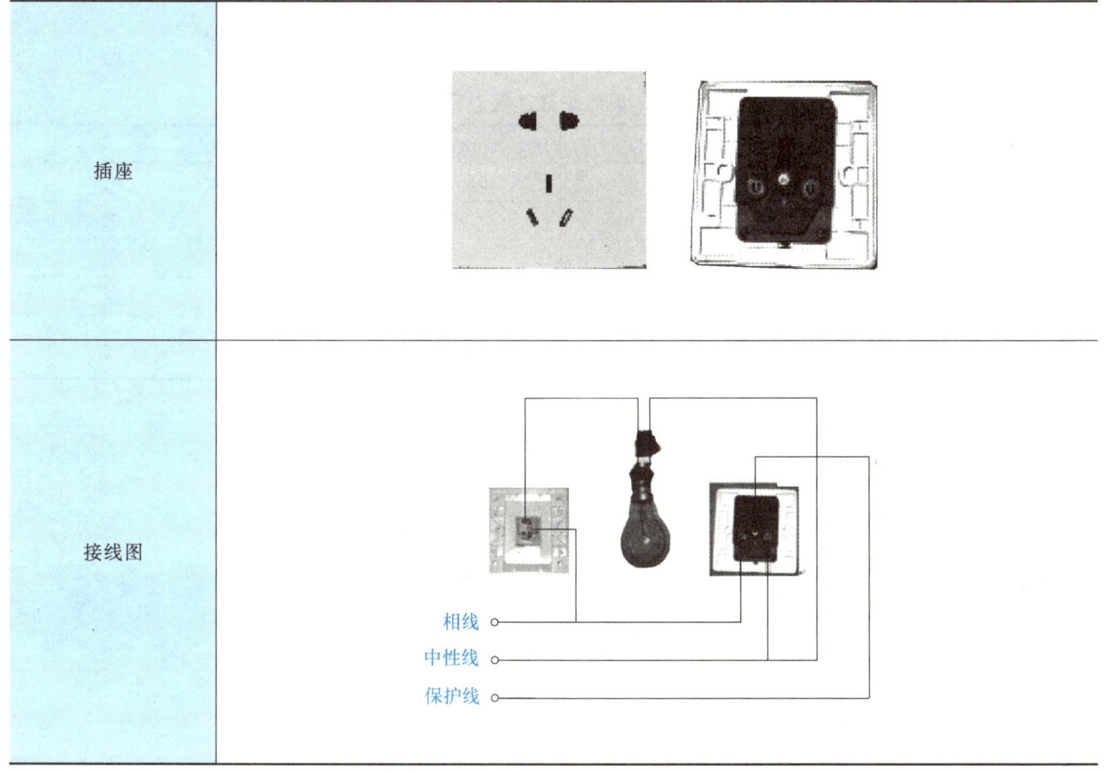

插座	
接线图	

（2）断开白炽灯电路控制开关，断开电源箱开关。

（3）把单相插头插入电源箱 AC 220V 输入插孔。

（4）接通电源箱开关，操作白炽灯电路控制开关，观察白炽灯能否正常发光或熄灭。

5. 通电测试完毕操作

先断开白炽灯电路控制开关，再断开电源箱开关，最后拆除白炽灯电路。

温馨提示：（1）插口灯座的两个接线柱可以任意连接相线和中性线；但螺口灯座必须把中性线接在连通螺纹的接线柱上。

（2）吊灯灯座必须采用塑料软线或布花线作为电源引线。

（3）平灯座要安装在木台上，不可直接安装在建筑物上。

（4）二孔插座（左、右孔）的接线方式为左孔接中性线，右孔接相线；二孔插座（上、下孔）的接线方式为上孔接相线，下孔接中性线；三孔插座的接线方式为上孔接保护线、左孔接中性线、右孔接相线。

技能训练2　白炽灯照明电路常见故障检修

白炽灯照明电路在运行中，会出现各种故障，如线路老化、电气设备故障（开关、灯座、白炽灯、插座）等。当电路出现故障时，首先要通过询问当事人、观察故障现象，然后利用电气原理图及布置图进行分析，确定可能造成故障的大致范围，通过检测手段确定故障点，如用低压验电器、万用表等工具检测，针对故障元件或线路进行维修或更换。

一、训练工具、仪表及器材

训练工具、仪表及器材见表 4-9。

表 4-9　训练工具、仪表及器材

名　称	数　量	名　称	数　量
75mm 一字螺钉旋具	1 把	75mm 十字螺钉旋具	1 把
150mm 尖嘴钳	1 把	150mm 剥线钳	1 把
电工刀	1 把	低压验电器	1 支
MF-47 型指针式万用表	1 只	绝缘胶布	1 卷
AC 220V 插孔电源箱	1 个	已在木工板上安装好的一只开关控制一盏白炽灯电路	1 套

二、训练内容

1. 白炽灯不亮故障的检修

白炽灯不亮是最常见的故障，其检修方法可按图 4-1 所示流程图进行。

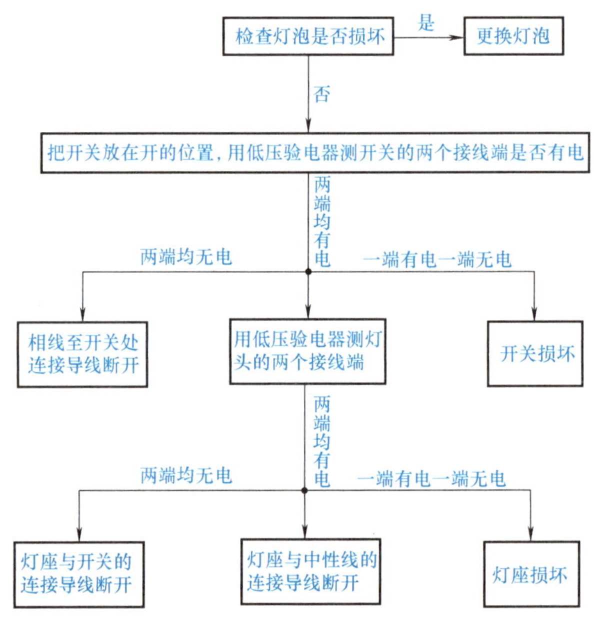

图 4-1　白炽灯不亮检修流程图

温馨提示：以上检修流程图是针对相线进开关的白炽灯电路的检修。

2. 白炽灯合上开关后，熔丝即熔断故障的检修

该故障主要原因是线路短路。如灯头内中心铜片与外螺纹短路、灯头接线松脱、线路绝缘损坏等，其检修方法可按图 4-2 所示的流程图进行。

三、训练步骤

教师在白炽灯电路中设置某处断路（或短路），学生在教师指导下确定故障点，再排除

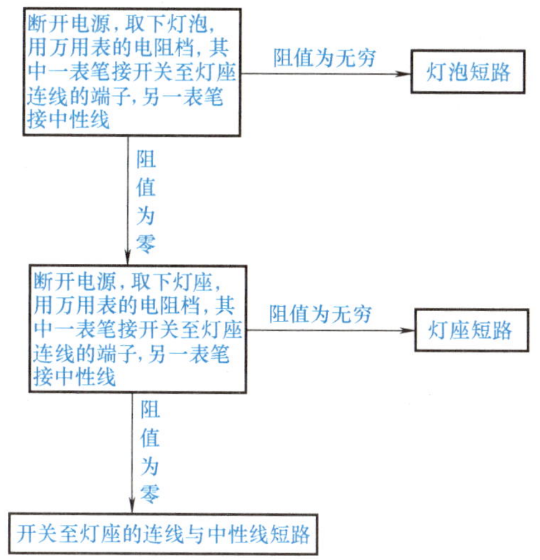

图 4-2　白炽灯合上开关后，熔丝即熔断故障的检修流程图

故障。

1. 故障调查

了解故障发生时有哪些现象，如是否冒烟、冒火？是否有响声，以及声、光、火的大小。还要了解该故障是经常发生呢，还是第一次出现。出现故障后，是否有人处理过，处理后运行是否正常。这样，将有利于根据电气设备的工作原理来判断发生故障的部位，分析发生故障的原因。

2. 直观检查

直观检查，即通过看、听、闻、摸等外表现象，可以分析故障的原因。

看：观察现场环境，当存在重大安全隐患时，应切断电源。然后，查看电路有无异常现象，如导线是否破皮、相碰、断线，灯丝是否烧焦、烧断，导线连接螺栓是否松动等。

听：用耳朵听一听有无放电等异常声响。

闻：用鼻子闻，看有无焦味，对发生故障的大致方位仔细地闻，通过闻电气设备和电气线路的气味，往往可以发现故障点。

摸：断开设备和线路的电源，对有故障的设备和线路用手摸。通过摸，检查设备温度是否正常，检查设备的温升是否正常，这样也能快速查找到故障点。

3. 用仪器仪表测试

除了对电路、电气设备进行直观检查外，还应充分利用低压验电器、万用表等进行测试。

4. 分支路、分段检查

对待查电路，可按支路或用“对分法”分段进行检查，以缩小故障范围，逐渐逼近故障点。

四、任务评价

白炽灯电路安装与常见故障检修评价见表 4-10。

表 4-10　白炽灯电路安装与常见故障检修评价

班级			学号	姓名			
序号	评价内容	配分	评分标准	评价结果/分			综合得分
				自评	小组评	教师评	
1	一只开关控制一盏白炽灯电路的安装	20	(1)不按电路图接线，扣5分； (2)安装不规范（如接点松动、露铜过长、压绝缘层、反圈、元件损坏），每处扣3分 (3)通电测试不成功，每次扣10分				
2	两只开关控制一盏白炽灯电路的安装	20	(1)不按电路图接线，扣5分； (2)安装不规范（如接点松动、露铜过长、压绝缘层、反圈、元件损坏），每处扣3分 (3)通电测试不成功，每次扣10分				
3	白炽灯电路断路故障的检修	20	(1)不能找出故障点，扣5分； (2)不能排除故障，扣5分； (3)排除故障方法不正确，扣5分； (4)排除故障时，产生新的故障后不能自行修复，扣5分				
4	白炽灯电路短路故障的检修	20	(1)不能找出故障点，扣5分； (2)不能排除故障，扣5分； (3)排除故障方法不正确，扣5分； (4)排除故障时，产生新的故障后不能自行修复，扣5分				
5	同组协作	20	互相帮助、共同学习				
6	安全文明生产	只扣分，不加分	(1)发生安全事故，扣10分； (2)材料摆放零乱，扣5分； (3)实训结束后，工具不归位，扣5分				
合计							

学生在任务完成过程中遇到的问题记录：

温馨提示：安全文明生产实施倒扣分，即只扣分，不加分；其他项目扣分，错一项扣一项分，但不超过其配分。

任务2　荧光灯电路的安装与检修

知识储备

荧光灯作为一种光亮柔和而有效的光源，无论是在家居、商店、办公室、学校、超市、

医院、剧场，还是在商业冰柜、广告灯箱、地铁、人行隧道、人防工程、夜市灯饰照明等，只要需要照明的地方均可见到荧光灯。因此，我们必须掌握荧光灯电路的基本知识。

1. 荧光灯电路的组成

荧光灯是由灯管、辉光启动器、镇流器、灯架和灯座等组成的，见表4-11。

表 4-11 荧光灯电路的组成

元件名称	示意图	说明
灯管	灯脚 灯头 灯丝 荧光粉 玻璃管	荧光灯灯管是一根抽成真空的玻璃管，在管内壁涂有一层薄而均匀的荧光粉，灯管两端各有一组用钨丝制成的灯丝，灯丝上涂有一层易于发射电子的碳酸盐。管内充有少量的惰性气体氩气和汞
辉光启动器	电容器 静触片 铝壳或塑料壳 玻璃泡（内充惰性气体） 动触片 涂铀化物 绝缘底座 插头	辉光启动器有一铝制或塑料外壳，内装有一个充有氖气的小玻璃泡，泡内有一条静触片与一条呈∩形的动触片。不工作时动、静触片是分离的；在玻璃泡引出线两端还并联一只容量很小的电容器，其作用是减少对电视机等电器设备的干扰
镇流器		镇流器是一个带有铁心的电感线圈。它在电路中主要有两个作用：一是瞬时产生高压；二是正常工作时起限流作用 镇流器分为电感式镇流器和电子式镇流器两种
灯架		灯架用来固定灯座、灯管、镇流器和辉光启动器，主要是用铁皮、塑料制成的，品种繁多，选用时应注意与灯管长度匹配
灯座	灯座 灯座	按结构可分为开启式和弹簧式（又称插入式）两种，其作用是将灯管固定在灯架上

温馨提示：在使用荧光灯时，镇流器的规格必须与荧光灯灯管的规格一致。市场上荧光灯灯管有很多规格和形状，但内部结构是一样的。有些荧光灯还将镇流器、辉光启动器、灯管组装在一起，做成单端可以直接替换的荧光灯。

2. 荧光灯电路工作原理

荧光灯电路图如图4-3所示。

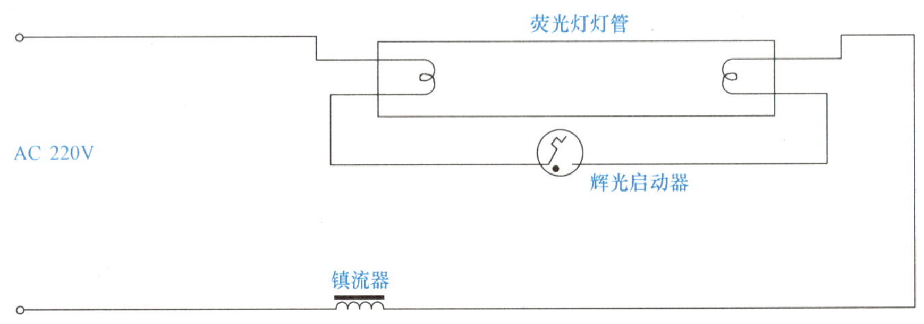

图4-3　荧光灯电路

荧光灯的工作原理：当荧光灯接通电源时，电源电压全部加在辉光启动器两端，辉光启动器两个电极间产生辉光放电，使双金属动触片受热膨胀而与静触片接触。电流经镇流器、灯丝和辉光启动器等构成通路，使灯丝加热，约1~2s后，由于辉光启动器的两个电极接触使辉光启动器辉光放电停止，双金属动触片冷却恢复原状使两个触片分离。

在辉光启动器两个电极断开的瞬间，电流被突然切断，由于电磁感应的作用，在镇流器两端会产生一个自感电动势，其方向与电源电压方向相同，由于辉光启动器两个电极突然分开，感应电动势数值很大，因此当它与电源电压叠加后就形成一个很高的瞬时电压，这个高电压加在预热后的荧光灯两端的灯丝之间，灯丝发射的大量电子在高电压作用下使管内惰性气体电离而放电，产生大量的紫外线激发管壁上的荧光粉使之发出近似日光的光束，故又称日光灯。荧光灯点亮后灯管近似一个纯电阻负载，镇流器相当于一个电感器，可以限制电路中的电流。

温馨提示：现在很多荧光灯不用电感式镇流器，而用电子式镇流器。其主要优点是在电源电压较低（不低于130V）和环境温度较低（-10℃左右）的情况下，都能使荧光灯灯管一次快速辉光启动（不用辉光启动器），灯管无闪烁现象，镇流器本身无噪声又节电，因此应用广泛。

技能训练1　荧光灯电路的安装

在安装荧光灯前需检查灯管、镇流器、辉光启动器等有无损坏、是否互相配套，组装好的荧光灯套件接入电路，类同白炽灯电路的安装。

一、训练工具、仪表及器材

训练工具、仪表及器材见表4-12。

表 4-12 训练工具、仪表及器材

名称	数量	名称	数量
75mm 一字螺钉旋具	1 把	75mm 十字螺钉旋具	1 把
150mm 尖嘴钳	1 把	150mm 剥线钳	1 把
电工刀	1 把	低压验电器	1 支
MF-47 型指针式万用表	1 只	20W 荧光灯(电感式镇流器)组件	1 套
AC 220V 插孔电源箱	1 个	45cm×100cm 木工板	1 块
单相插头	1 个	7#线卡	1 盒
电子式镇流器	1 个	86 型单开关接线盒	1 个
10A 单相刀开关	1 只	$1mm^2$ 单股铜芯塑料线	若干米
五孔插座	1 只	3.5mm×20mm 自攻螺钉	若干
绝缘胶布	1 卷		

二、训练内容

1. 荧光灯电路的安装（电感镇流器）

荧光灯电路（电感式镇流器）原理图及接线图见表 4-13。

表 4-13 荧光灯电路（电感式镇流器）原理图及接线图

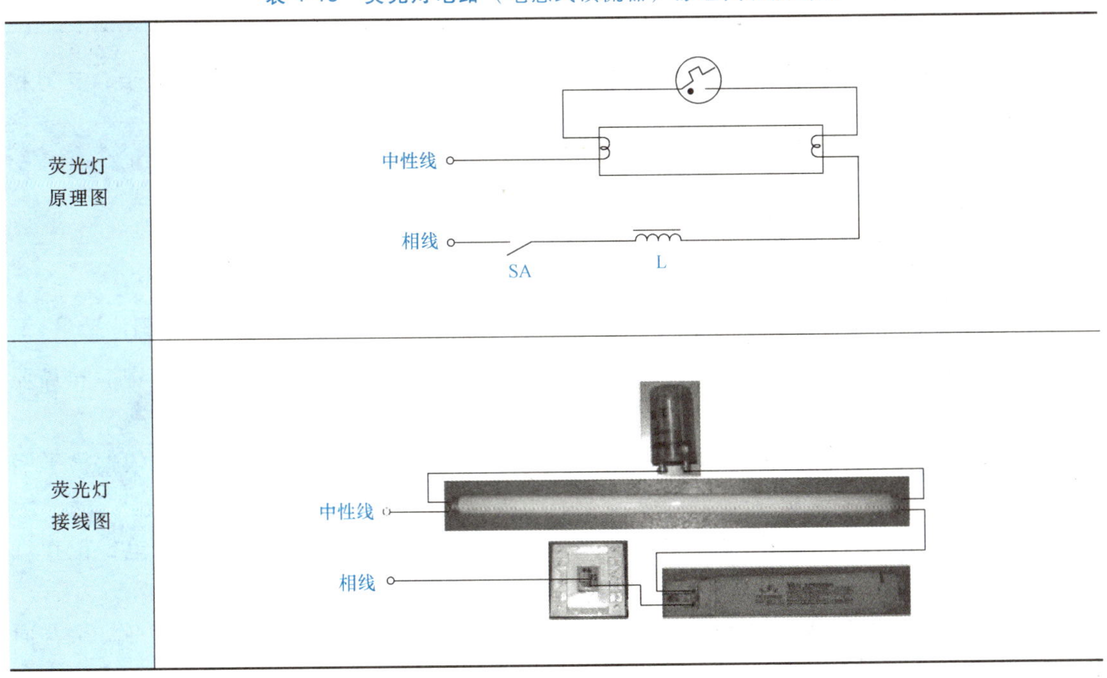

温馨提示：(1) 严格按照线路图连接电路；(2) 不同规格的荧光灯，须配相应规格的镇流器和辉光启动器，不得随意混用；(3) 相线必须经开关后连接到镇流器。

2. 荧光灯电路的安装（电子式镇流器）

荧光灯电路（电子式镇流器）原理图及接线图见表 4-14。

表 4-14　荧光灯电路（电子式镇流器）原理图及接线图

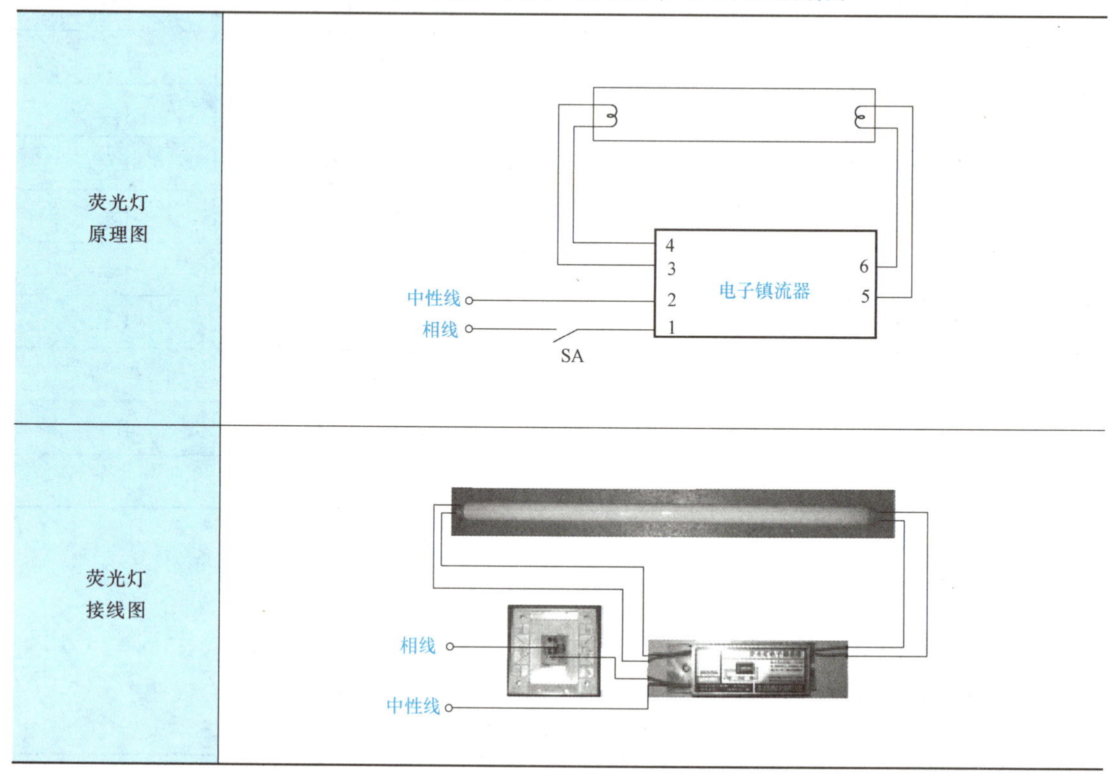

温馨提示：电子式镇流器荧光灯电路的安装没有电感式镇流器荧光灯电路复杂，支架和灯座是现成的，无须安装辉光启动器。

三、训练步骤

1. 根据实际安装位置条件绘制安装荧光灯电路图
2. 配齐所用电气元件并进行质量检验
3. 按照荧光灯原理图安装接线

（1）依照实际安装的位置，确定单相刀开关、荧光灯的安装位置并做好标记。布局要合理、整齐、美观、紧凑。

（2）定位划线。按照已确定单相刀开关的位置，进行定位划线，操作时要依据横平竖直的原则，做到美观、工整。

（3）把两个灯座套在灯管上并适当压紧，测算出两个支架的距离，用记号笔标记在灯架上，确定固定位置，并用电工刀钻适当大小的孔（直径 5mm）用于穿线。

（4）给辉光启动器接上 40cm 的软线，用螺钉将辉光启动器座、镇流器固定在灯架背面的适当位置。

（5）按照电路图的连接规律留出连接灯座的导线头，穿过穿线孔。

（6）连接灯座并接线，接线时应注意把接镇流器一端的引线，与通过开关接进的相线

相连接，并把灯座固定在灯架上（按记号的位置）。

（7）将单相刀开关与荧光灯电路连接，并将接头处用绝缘胶布包扎好。

（8）安装荧光灯灯管。要求双手配合，用力适度，方向正确。

（9）在辉光启动器座上安装辉光启动器（注意逆时针旋转90°即可）。

（10）把单相刀开关的进线端子与单相插头连接。

4. 检查电路及通电试验

（1）按照荧光灯电路图用万用表欧姆档检测接线是否正确。

（2）断开荧光灯电路控制开关，断开电源箱开关。

（3）把单相插头插入AC 220V电源箱的输入插孔。

（4）接通电源箱开关，操作荧光灯电路控制开关，观察荧光灯能否正常发光或熄灭。

5. 通电测试完毕操作

先断开荧光灯电路控制开关，再断开电源箱开关。

温馨提示：（1）相线一定要经开关连接至镇流器。（2）接线出现错误，可能会烧毁灯丝。（3）灯座支架过于宽松，灯管容易跌落破碎；灯座支架间距过于狭小，装管困难。

技能训练2 荧光灯电路的常见故障检修

荧光灯是家庭常用的照明工具，其结构比白炽灯复杂得多，出现故障的几率和故障现象比较多。

一、训练工具、仪表及器材

训练工具、仪表及器材见表4-15。

表4-15 训练工具、仪表及器材

名称	数量	名称	数量
75mm一字螺钉旋具	1把	75mm十字螺钉旋具	1把
150mm尖嘴钳	1把	150mm剥线钳	1把
电工刀	1把	低压验电器	1支
MF-47型指针式万用表	1只	绝缘胶布	1卷
AC 220V电源箱	1个	已在木工板上安装好的荧光灯电路	1套

二、训练内容

1. 荧光灯（电感式镇流器）不亮故障的检修

荧光灯不亮是最常见故障，其检修方法可按图4-4所示流程进行。

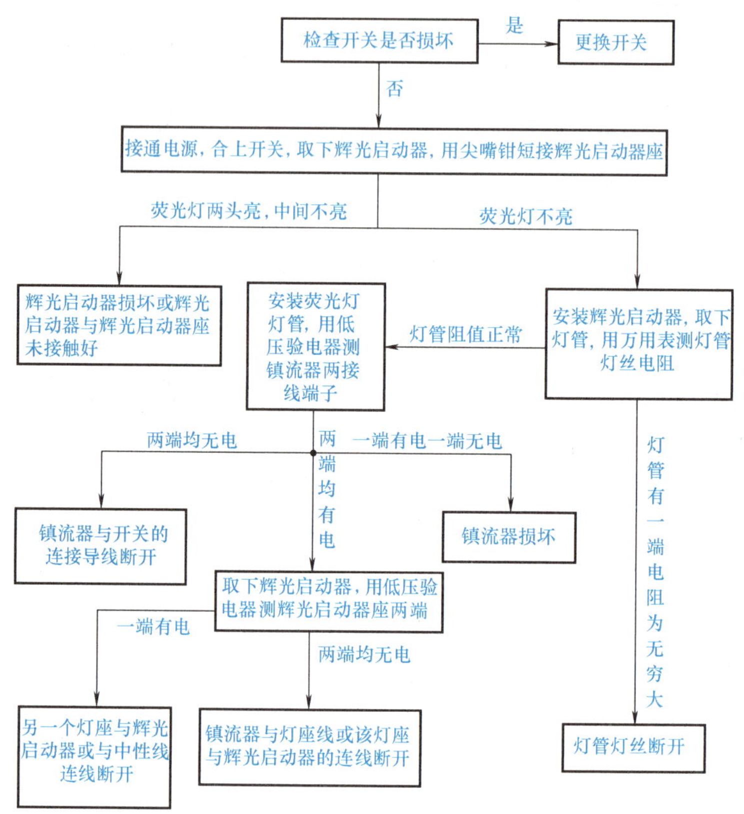

图 4-4　荧光灯不亮检修流程

温馨提示：以上检修流程图是针对相线进开关且进镇流器的荧光灯电路的检修。

2. 合上开关，荧光灯灯管两端发红，但不起跳故障的检修

合上开关，荧光灯灯管两端发红，但不起跳，其检修方法可按图 4-5 所示流程进行。

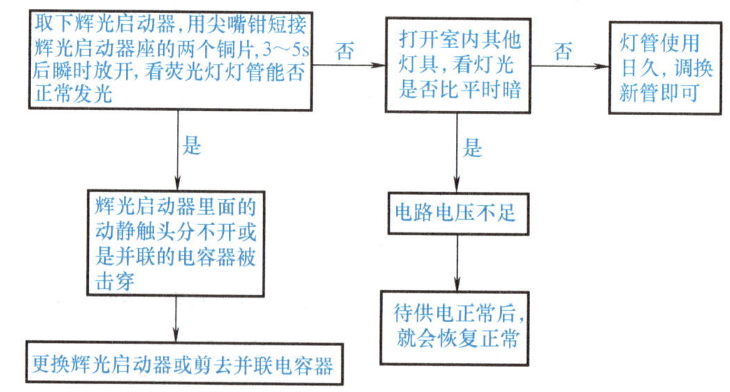

图 4-5　荧光灯灯管两端发红但不起跳的检修流程

温馨提示：荧光灯在实际使用中，除经几种现以上故障外，还会出现以下几种典型故障，其故障现象、故障原因及处理方法见表 4-16。

表 4-16　荧光灯常见典型故障现象、故障原因及处理方法

故障现象	故障原因	处理方法
关掉荧光灯开关后，仍发出微光	开关接在中性线上	把接荧光灯的相线和中性线对调
	开关漏电	更换开关
荧光灯能正常起动，可是灯管有“打滚”现象	镇流器有问题	反复开关几次，或将灯管多次卸下和插入，改变灯管在灯座中的位置
	灯管内气体不纯	
荧光灯能正常工作，但噪声太大	镇流器中的硅钢片间隙太大	更换镇流器
灯管亮度降低	灯管陈旧(灯管发黄或两端发黑)	更换灯管
	电路的电压不足	此时可以打开室内其他灯具，如发现灯光比平时暗，则可以肯定是电路电压不足，待供电正常后，就会恢复正常
合上开关，荧光灯灯管一闪后熄灭，断开开关，重新再合上开关，荧光灯不发光	镇流器内部匝间短路	更换镇流器和灯管
荧光灯时亮时灭	灯管漏气	更换灯管

3. 荧光灯（电子式镇流器）不亮故障的检修

荧光灯（电子式镇流器）不亮，其检修方法可按图 4-6 所示的流程进行。

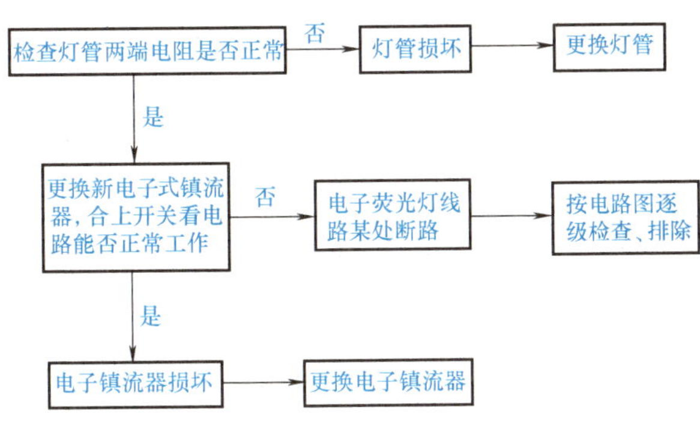

图 4-6　荧光灯（电子式镇流器）不亮故障的检修流程

三、训练步骤

教师在荧光灯电路中设置某处断路，学生在教师指导下确定故障点，再排除故障。

(1) 断开电源，用万用表电阻档检查开关是否正常。

(2) 接通电源，合上开关，取下辉光启动器，用尖嘴钳短接辉光启动器座，观察荧光灯灯管。

(3) 安装辉光启动器，取下灯管，用万用表电阻档检查灯管灯丝电阻。

(4) 安装荧光灯管，用低压验电器测镇流器两接线端子。

(5) 取下辉光启动器，用低压验电器测辉光启动器座两端。

(6) 安上辉光启动器，断开电源，用万用表电阻档检查各连接线。

四、任务评价

荧光灯电路安装与常见故障检修评价见表 4-17。

表 4-17　荧光灯电路安装与常见故障检修评价

班级			学号		姓名		
序号	评价内容	配分	评分标准	评价结果/分			综合得分
				自评	小组评	教师评	
1	荧光灯电路的安装	20	(1)不按电路图接线，扣5分； (2)安装不规范(如接点松动、露铜过长、压绝缘层、反圈、元件损坏)，每处扣3分 (3)通电测试不成功，每次扣10分				
2	荧光灯电路(电子式镇流器)的安装	20	(1)不按电路图接线，扣5分； (2)安装不规范(如接点松动、露铜过长、压绝缘层、反圈、元件损坏)，每处扣3分； (3)通电测试不成功，每次扣10分				
3	荧光灯不亮故障的检修	20	(1)不能找出故障点，扣5分； (2)不能排除故障，扣5分； (3)排除故障方法不正确，扣5分； (4)排除故障时，产生新的故障后不能自行修复，扣5分				
4	模拟其他荧光灯电路故障的检修	20	(1)不能找出故障点，扣5分； (2)不能排除故障，扣5分； (3)排除故障方法不正确，扣5分； (4)排除故障时，产生新的故障后不能自行修复，扣5分				
5	同组协作	20	互相帮助、共同学习				
6	安全文明生产	只扣分，不加分	(1)发生安全事故，扣10分； (2)材料摆放零乱，扣5分； (3)实训结束后，工具不归位，扣5分				
合　计							

学生在任务完成过程中遇到的问题记录：

温馨提示：安全文明生产实施倒扣分，即只扣分，不加分；其他项目扣分，错一项扣一项分，但不超过其配分。

任务3　家庭照明电路的安装与检修

知识储备

一、家庭照明电路常用器材

家庭照明电路涉及千家万户，其布线是否合理，选料是否经济，与人们生活能否平安舒适关系紧密。家庭照明电路是电工必须掌握的一项基本功。

1. 漏电保护器

漏电保护器，俗称漏电开关，如图4-7所示。它是用于电路或电气绝缘受损发生对地短路时防止人身触电和电气火灾的保护电器，一般安装于每户配电箱的电源进线上。当住宅线路或家用电器发生短路或过载时，它能自动跳闸，切断电源，从而有效地保护这些设备免受损坏或防止事故扩大。

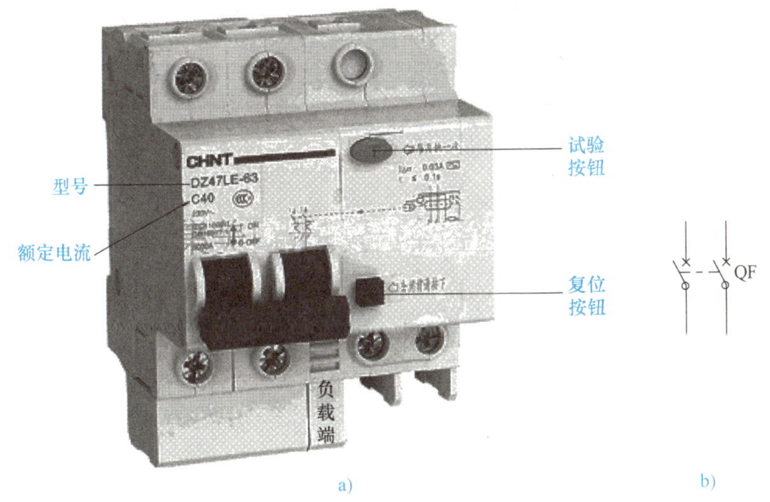

图4-7　漏电保护器

a）实物图　b）电路符号

目前家庭使用DZ系列的漏电保护器，常见的型号/规格有C16、C25、C32、C40、C60等。选用漏电保护器时主要考虑其额定漏电动作电流和额定漏电动作时间，即额定漏电动作电流不大于30mA，额定漏电动作时间不大于0.1s。

安装漏电保护器后，检查接线无误，按试验按钮检查其动作正常方可投入使用，即将漏电保护器的试验按钮按一下，若漏电保护器断开，则漏电保护器正常；若漏电保护器没有断开，则应检查修理漏电保护器。

2. 低压断路器

低压断路器（简称断路器）是一种常用的低压保护电器，可实现短路、过载等保护功能，如图 4-8 所示。

断路器在家庭供电中常作分支线保护开关用。当住宅线路或家用电器发生短路或过载时，它能自动跳闸，切断电源，从而有效地保护这些设备免受损坏或防止事故扩大。

3. 插座

插座又称电源插座、开关插座。电源插座是为家用电器提供电源接口的电气设备，也是住宅电气设计中使用较多的电气元件。

家用插座按额定电流分两种，即额定电流为 10A 的单相电源插座和额定电流为 16A 的专用电源插座。家用插座主要有单相二孔和单相三孔两种，其接线方法见表 4-18。

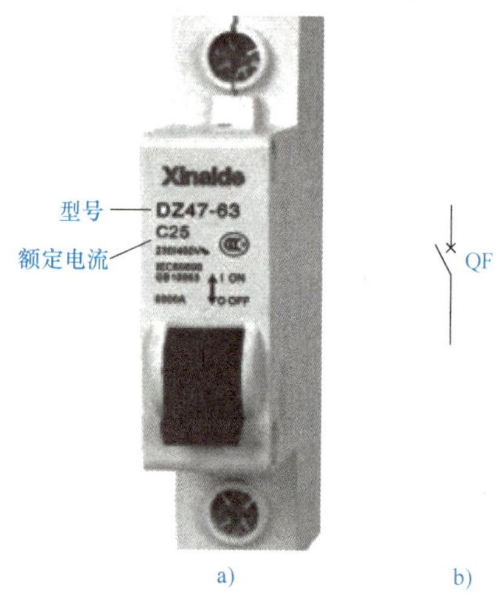

图 4-8　低压断路器

a）实物图　b）电路符号

在安全性要求较高的地方，如小孩经常活动的地方，从安全角度考虑，可采用带有保护门的安全型插座。这种插座只有当插头两极同时插入或接地极插头先进入时才能打开保护门，即使小孩用铁丝等金属物件插入相线孔也不会触电。

表 4-18　家用插座的接线方法

家用插座的接线	示意图	说明
单相二孔	右孔接(L)相线 左孔接(N)中性线	单相二孔插座有横装和竖装两种。横装时，面对插座的左边电极接中性线 N，右边电极接相线 L；竖装时，面对插座的上边电极接相线 L，下边电极接中性线 N
	上孔接(L)相线 下孔接(N)中性线	
单相三孔	上孔接(PE)保护地线 右孔接(L)相线 左孔接(N)中性线	单相三孔插座接线时，面对插座的左边电极接中性线 N，右边电极接相线 L，上边电极接保护地线（PE 线）

若要在厨房、卫生间等较潮湿的场所安装插座，最好选用有罩盖的防溅水插座，可防止水滴进入插孔。

4. 开关

开关是用来控制电路通断的器件。家用开关按面板分类有86型、120型、118型、146型和75型五种（与电源插座一样）。

开关应装在门旁或其他便于操作的地方，离地面一般在1.2~1.35m范围内，不能把开关装在离水太近的地方，以防水溅入开关，造成事故。接线时，开关应串联在相线上，且开关进线与出线应使用同一种颜色导线。安装扳把开关时要注意方向，扳把向上时应为接通电路，如图4-9a所示，扳把向下时应为断开电路，如图4-9b所示。

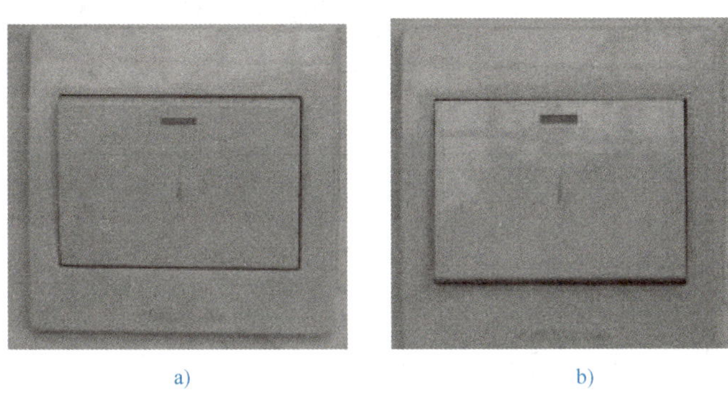

a)　　b)

图4-9　开关

a）接通电路　b）断开电路

5. 导线

住宅电路用导线，通常使用耐压为500V的铜芯塑料线（单根导线）和铜芯塑料护套线（两根导线或三根导线），截面积有1.5mm²、2.5mm²、4mm²、6mm²和10mm²等。500V铜芯塑料线明敷时长期连续负荷允许载流量见表4-19。

表4-19　500V铜芯塑料线明敷时长期连续负荷允许载流量（25℃）

截面积/mm²	1.5	2.5	4	6	10
安全载流量/A	24	32	42	55	75

敷设导线时，对导线颜色的使用有一定的要求。一般来说，相线可以使用红、黄、绿三色中的任何一色，不允许使用黑、白和绿/黄双色线；中性线可以使用浅蓝色、黑、白色，绝不可使用红色；保护线可以使用绿/黄双色线或黑线，但不可以使用其他颜色的导线；在同时敷设相线、中性线和保护线时，绝不允许采用一种颜色导线敷设。

6. PVC电工管

现代家庭住宅室内电路广泛采用暗敷导线方式，暗敷导线时采用PVC电工管，如图4-10所示。PVC电工管阻燃性和绝缘性好，耐潮湿，安装方便，不需加热即可随意弯曲，且密封安全可靠，品种丰富、规格齐全，可为不同需求的工程选用，也是居家住户的首选产品。常用PVC电工管规格有16mm、20mm、25mm、30mm、40mm、50mm等。

（1）PVC电工管的切断。可用专用剪刀或锯弓切割所需的长度，切口要去掉毛刺。使用专用剪刀切断PVC电工管的方法见表4-20。

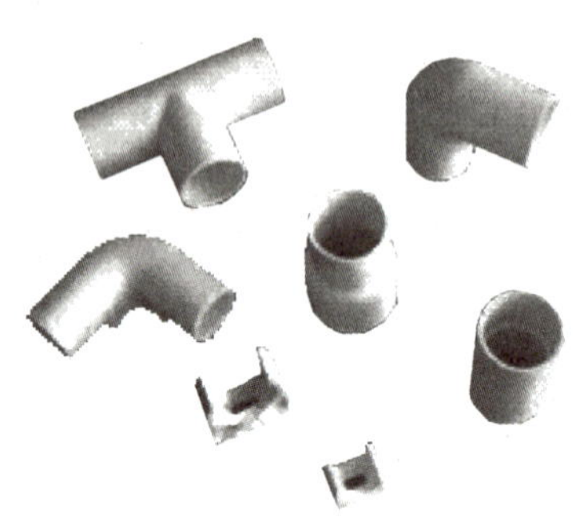

图 4-10　PVC 电工管

表 4-20　使用专用剪刀切断 PVC 电工管的方法

步骤序号	说　明	示　意　图
1	打开专用剪刀手柄	
2	把 PVC 电工管放入刀口内	
3	握紧手柄，让齿轮锁住刀口，松开手柄后再握紧，直至管子被切断	

（2）PVC 电工管的弯曲。PVC 电工管作 90°弯曲时，一般采用弯头（图 4-10）；PVC 电工管作大于 90°弯曲时，一般使用弹簧弯管器冷弯，具体方法见表 4-21。

表 4-21　PVC 电工管弯曲方法

步骤序号	说　明	示　意　图
1	将与管子内径相应的弹簧弯管器插入待弯曲的管子两端	

（续）

步骤序号	说　明	示 意 图
2	两手握住待弯曲管子两端，用手逐渐用力弯出需要的弯曲半径	
3	若手力不够时，可将弯曲部位顶在膝盖或硬物上，再用手扳	

温馨提示：弯曲的力度不能太猛，要逐渐用力，逐渐弯曲，用力与受力点要均匀。一般情况下弯出的角度应比所需弯曲的角度略小，待弯管回弹后，即可达到要求，达到弯曲角度后将弹簧弯管器从塑料管内抽出。

（3）PVC 电工管的连接。PVC 电工管在连接时先将两根连接管的端部擦干净，在管子接头表面均匀刷一层 PVC 胶水后，立即将刷好胶水的管头插入比连接管管径大一级的接头内，然后从两端插入到套管内，两管的对接处应在套管的中心（插接的长度为连接管外径的 1.1~1.8 倍），并紧密粘接，保持 15s 不扭动，即可以贴牢固。

7. 单相电能表

电能表是用来测量某一段时间内发电机发出的电能或负载消耗的电能的仪表。电能表，俗称电表，它分为单相电能表和三相电能表两种。目前大多数家庭使用的是单相电能表，如图 4-11 所示。

（1）单相电能表的接线方法。在单相电能表中，有一只电流线圈和一只电压线圈，接

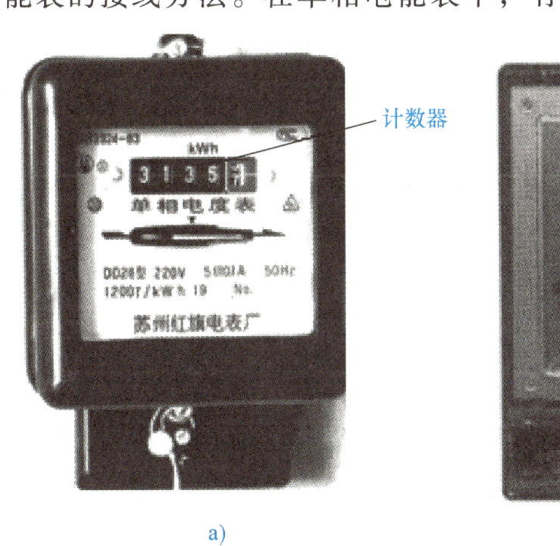

a)

b)

图 4-11　单相电能表

a）感应式单相电能表　b）电子式单相电能表

线时应使电压线圈与负载并联，电流线圈与负载串联。如图 4-12 所示，电能表下部有接线盒，内有四个接线端子，从左到右按 1、2、3、4 编号，接线方法一般为相线 1 进 2 出，中性线 3 进 4 出，进端接电源，出端接负载。

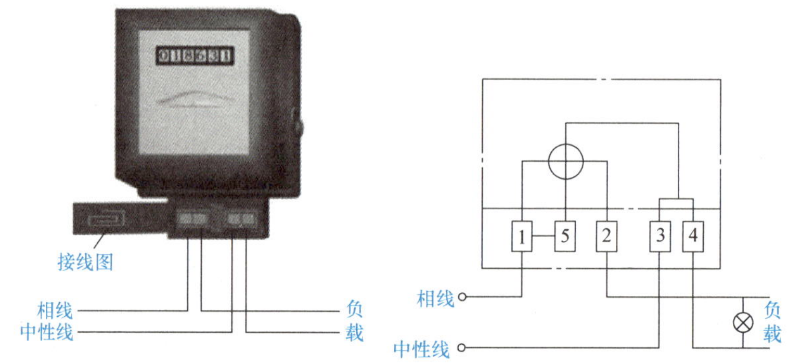

图 4-12　单相电能表的接线方法

温馨提示：各种电能表接线盒内的接线端子排列顺序并非完全一致，但每个电能表盒内都有接线图，接线时应根据表内的接线图，确定相线与中性线、进线与出线的连接位置。

（2）单相电能表的读数。如图 4-11a 所示，单相电能表指示盘一般分为五个数位，右起最后一位数字为小数位，通常用醒目的线条、线框与整数位隔开，或以数字的颜色区别于整数位；在它左边，由右向左分别表示个位、十位、百位和千位的数值。

（3）单相电能表的计数。单相电能表的计数方法见表 4-22。

表 4-22　单相电能表的计数

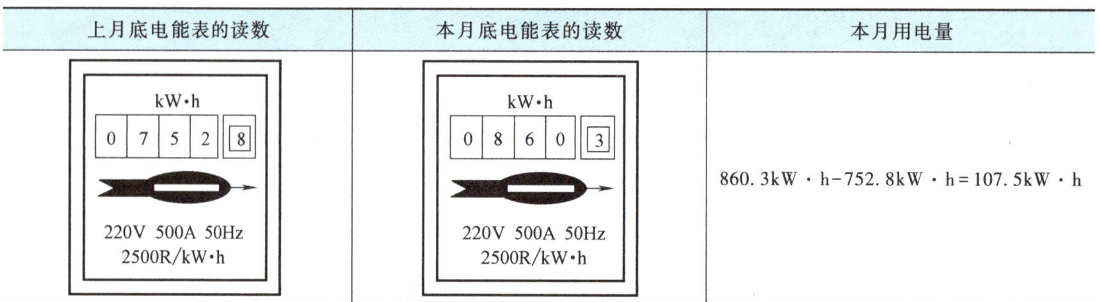

上月底电能表的读数	本月底电能表的读数	本月用电量
kW·h 0 7 5 2 [8] 220V 500A 50Hz 2500R/kW·h	kW·h 0 8 6 0 [3] 220V 500A 50Hz 2500R/kW·h	860. 3kW · h-752. 8kW · h = 107. 5kW · h

（4）单相电能表的选择。常用单相电能表的额定电流有 2. 5A、5A、10A、15A 和 20A 等。在选择时务必使电能表的额定电压、额定电流大于负载的电压和电流。

二、室内电气线路的配线

1. 室内配线的基本原则

（1）安全。室内配线和电气设备必须保证安全运行。因此，选用的电气设备和材料必须符合图样的规定，必须是经过国家有关权威机构安全验证的合格产品。在施工中，导线的连接、接地线的连接以及线路的敷设等均应符合线路与设备的技术要求，以确保线路运行的安全。

（2）可靠。所有的安装必须符合图样的质量要求，防止不合理的施工给室内线路和用电设备运行的可靠性造成隐患。

（3）经济。在保证安全可靠运行的前提下，应考虑经济性，选用最合理的施工方法，尽量节约材料。

（4）方便。室内配线应保证操作和维修方便。

（5）美观。配线位置及电器安装位置的选定，不仅应注意不要损坏建筑物的美观，而且应尽量做到有助于室内环境的美化。

此处，配线施工还应使整个线路布置合理、整齐，安装牢固。

2. 室内电气线路的配线要求

（1）所选用导线的额定电压应不小于线路的工作电压。导线的绝缘应符合线路的安装方式和敷设环境的条件。

（2）导线的截面积应按导线的机械强度和允许载流量来选择。为使导线具有足够大的机械强度，其最小截面积：铜芯导线为 $1.5mm^2$，铝芯导线为 $2.5mm^2$。

（3）线路安装时要注意美观，在采用明配线的场所，要求配线横平竖直、排列整齐、位置适宜，并应尽可能沿建筑物平顶线脚、栋梁、墙角等隐蔽处敷设。

（4）明敷导线时，不可采用线与线的直接连接，而应借助于接线盒或其他电器的接线柱来进行线与线的连接。

（5）暗敷导线时，应先敷 PVC 电工管后穿导线，以最短的线路敷设，减少弯头。管内不允许有接头，必须接头时应用接线盒过渡，接线盒不能埋进墙体，以便维修。

（6）PVC 电工管埋入墙体抹灰层的厚度为 15mm，PVC 电工管在墙体内固定的间距为 25～35mm。

（7）PVC 电工管布置必须横平、竖直，与水管、煤气管应保持一定距离，PVC 电工管不可布置在浴缸底部，不同回路、不同电压等级、交流电与直流电的导线不得穿在同一管内。

（8）PVC 电工管穿墙体时，必须加设钢管加以保护。

3. 室内配线的施工工序

（1）熟悉电路图及安装要求，弄清楚电气元件安装的位置。

（2）根据电路图备足电气元件。

（3）确定导线在建筑物上敷设的路径以及穿越墙壁或楼板时的具体位置。

（4）在土建抹灰之前，将配线所需固定点打好孔眼，并预埋木砖或绕有铁丝的木螺钉。

（5）装设绝缘支持物或 PVC 电工管等。

（6）敷设、固定导线。

（7）安装灯具和电器。

（8）测试线路绝缘。

（9）自检、校验、试通电。

技能训练 1　家庭照明配电板的安装

家庭照明电路是最常见的室内线路，其布线是最简单、最基本的，也是电工必须掌握的一项基本功。

一、训练工具、仪表及器材

训练工具、仪表及器材见表 4-23。

表 4-23　训练工具、仪表及器材

名　称	数　量	名　称	数　量
75mm 一字螺钉旋具	1 把	75mm 十字螺钉旋具	1 把
150mm 尖嘴钳	1 把	150mm 剥线钳	1 把
电工刀	1 把	低压验电器	1 支
MF-47 型指针式万用表	1 个	绝缘胶布	1 卷
AC 220V 插孔电源箱	1 个	DZ47LEC32 型漏电保护器	1 只
单相插头	1 个	45cm×100cm 木工板	1 块
10A 单相刀开关	1 只	DZ47C25 型空断路器	5 只
单相电能表	1 块	7#线卡	1 盒
导轨	10cm	$1mm^2$ 单股铜芯塑料线（红、黑、黄绿双色）	各若干米
15cm 接线排	2 个	3. 5mm×20mm 自攻螺钉	若干

二、训练内容

家庭照明配电板（箱）内电气原理图如图 4-13 所示，按图 4-14 组装照明电路配电板。

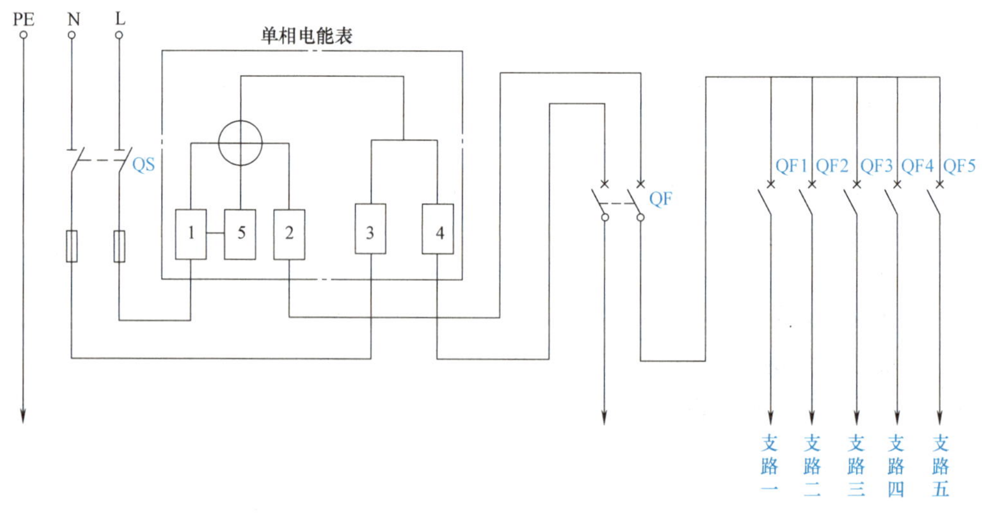

图 4-13　家庭照明配电板（箱）内电气原理图

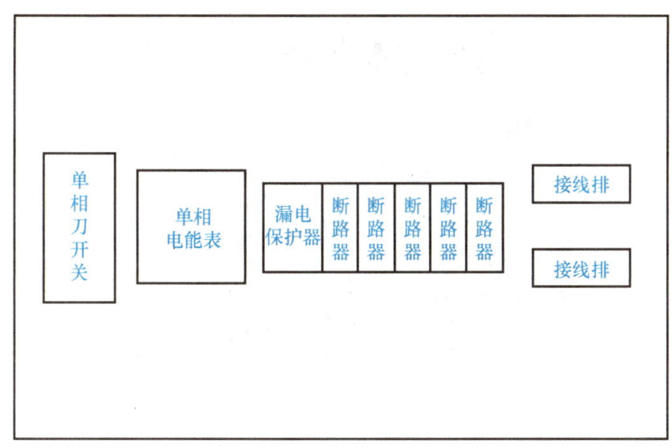

图 4-14　家庭照明配电板组装示意图

温馨提示：①家庭照明电路中的所有负载中性线与漏电保护器中性线出线端子的引线全部接在配电盒中的一个接线柱上；②家庭照明电路中的所有负载保护线与电源保护线出线端子的引线也全部接在配电盒中的一个接线柱上。

三、训练步骤

（1）配齐所用电气元件并进行质量检验

（2）合理设计布局

（3）按照家庭照明配电板（箱）内电气原理图进行接线

① 依次安装单相刀开关、单相电能表、导轨、漏电保护器、断路器和接线排。

② 连接单相刀开关至单相电能表的 1、3 端子的导线。

③ 连接单相电能表的 2、4 端子至漏电保护器进线端子的导线。

④ 连接漏电保护器出线端子（L）至断路器的导线。

⑤ 连接漏电保护器出线端子（N）至接线排的导线。

⑥ 把单相刀开关的进线端子与单相插头连接。

（4）检查电路及通电试验

① 按照家庭照明配电板（箱）内电气原理图用万用表欧姆档检测接线是否正确。

② 断开电源箱开关。

③ 把单相插头插入 AC 220V 输入插孔电源箱。

④ 接通电源箱开关，依次合上电路中所有开关，用万用表测试各断路器输出是否正常。

（5）通电测试完毕操作

先断开刀开关，再断开电源箱开关。

技能训练 2　家庭照明电路常见故障及检修

在使用家庭照明电路时免不了出故障，这给我们的生活带来许多的不便。学会一些常见电路故障的判断、检修是非常必要的。

家庭照明配电盒如图 4-15 所示。家庭照明电路故障看似复杂，其实只要找准方法，还是很容易检修的。关键是分析故障原因出现的位置。

图 4-15　家庭照明配电盒

一、训练工具、仪表及器材

训练工具、仪表及器材见表 4-24。

表 4-24　训练工具、仪表及器材

名　称	数　量	名　称	数　量
75mm 一字螺钉旋具	1 把	绝缘胶布	1 卷
150mm 尖嘴钳	1 把	75mm 十字螺钉旋具	1 把
电工刀	1 把	150mm 剥线钳	1 把
MF-47 型指针式万用表	1 只	低压验电器	1 支
AC 220V 插孔的电源箱	1 个	已在木工板上安装的家庭照明电路板	1 套

二、训练内容

1. 家庭照明电路在使用时漏电保护器突然断开而导致停电

家庭照明电路遇到该故障时，可按图 4-16 所示流程进行检修。

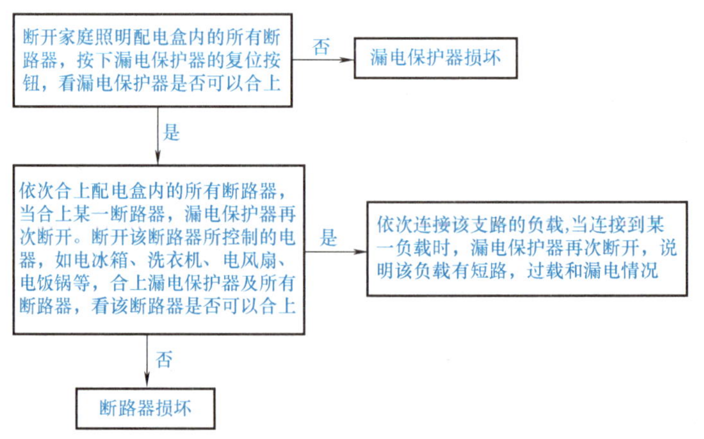

图 4-16　家庭照明电路在使用时漏电保护器突然断开故障分析流程

2. 家庭照明电路在使用时突然停电但漏电保护器未断开

家庭照明电路遇到该故障时，可按图 4-17 所示流程进行检修。

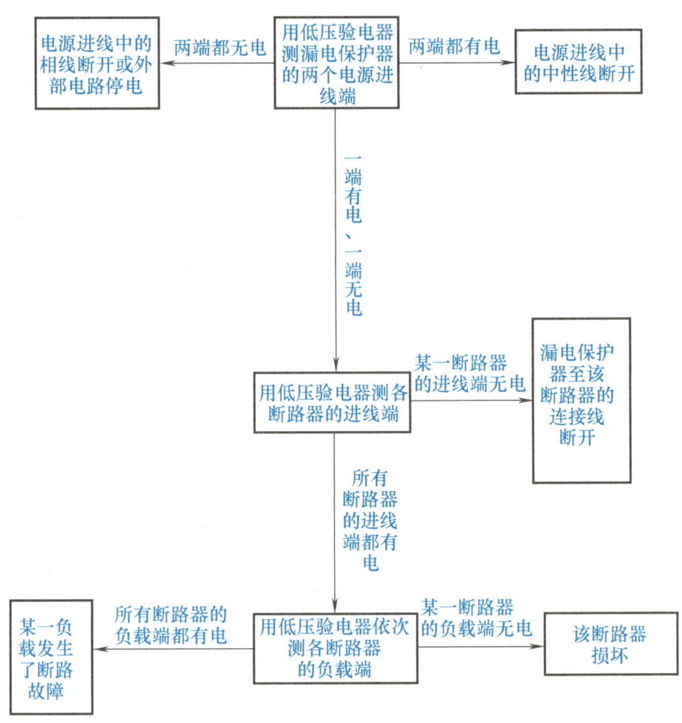

图 4-17　家庭照明电路在使用时突然停电但漏电保护器未断开故障分析流程

三、训练步骤

教师在家庭照明电路中设置某处断路（或短路），学生在教师指导下确定故障点，再排除故障。

（1）将家庭照明配电盒内的断路器全部断开，然后按下漏电保护器的复位按钮，看漏电保护器能否合上。

（2）依次合上所有断路器，看合上哪一个断路器时，漏电保护器再次断开。

（3）断开该断路器支路上的所有负载，合上该断路器和漏电保护器。

（4）依次连接该支路上的所有负载，看合上哪一负载时，漏电保护器再次断开。

四、任务评价

家庭照明配电板电路安装与家庭照明电路常见故障检修评价见表 4-25。

表 4-25　家庭照明配电板电路安装与家庭照明电路常见故障检修评价

班级			学号		姓名		
序号	评价内容	配分	评分标准	评价结果/分			综合得分
				自评	小组评	教师评	
1	家庭电路配电板的安装	20	(1)不按电路图接线，扣5分； (2)安装不规范(如接点松动、露铜过长、压绝缘层、反圈、元件损坏)，每处扣3分； (3)通电测试不成功，每次扣10分				
2	家庭照明电路断路故障的检修	30	(1)不能找出故障点，扣5分； (2)不能排除故障，扣5分； (3)排除故障方法不正确，扣5分； (4)排除故障时，产生新的故障后不能自行修复，扣5分				
3	家庭照明电路短路故障的检修	30	(1)不能找出故障点，扣5分； (2)不能排除故障，扣5分； (3)排除故障方法不正确，扣5分； (4)排除故障时，产生新的故障后不能自行修复，扣5分				
4	同组协作	20	互相帮助、共同学习				
5	安全文明生产	只扣分，不加分	(1)发生安全事故，扣10分； (2)材料摆放零乱，扣5分； (3)实训结束后，工具不归位，扣5分				
合计							

学生在任务完成过程中遇到的问题记录：

温馨提示：安全文明生产实施倒扣分，即只扣分，不加分；其他项目扣分，错一项扣一项分，但不超过其配分。

项目5

三相笼型异步电动机的认识

情景导入

现代各种生产机械都广泛使用电动机来驱动。现代电网普遍采用三相交流电，而因此三相异步电动机比直流电动机使用得更广泛。据有关资料统计，现在电网中2/3以上的电能是由三相异步电动机消耗的，而且工业越发达，现代化程度越高，其比例也越大。本项目主要介绍常用的三相异步电动机的基本结构、铭牌数据，以及三相异步电动机的接线方法和简单操作技能。

知识目标

（1）认识三相笼型异步电动机的外形和基本结构，熟悉各部件的作用；

（2）了解三相笼型异步电动机铭牌的含义；

（3）掌握三相笼型异步电动机绕组的基本知识。

技能目标

（1）会拆装三相笼型异步电动机；

（2）初步学会辨识三相笼型异步电动机的性能；

（3）会判断三相笼型异步电动机定子绕组的首尾端。

任务1　三相笼型异步电动机的结构与拆装

知识储备

1. 三相笼型异步电动机的用途

电动机是把电能转换成机械能的设备。三相笼型异步电动机主要用于拖动各种生产机械，在机械、冶金、化学、航天、国防、医疗及日常生活中都起着不可或缺的作用。

2. 三相笼型异步电动机的特点

优点：结构简单，容易制造，价格低廉，运行可靠，坚固耐用，运行效率较高，具有适用的工作特征。

缺点：功率因数较差。异步电动机运行时，必须从电网里吸收滞后的无功功率，它的功率因数总是小于 1。

3. 三相笼型异步电动机的主要结构

三相笼型异步电动机的种类很多，但各类电动机的基本结构是相同的，主要是由定子和转子两大基本部分及端盖、轴承、风扇、接线盒等附件组成的。三相笼型异步电动机的分拆结构如图 5-1 所示。

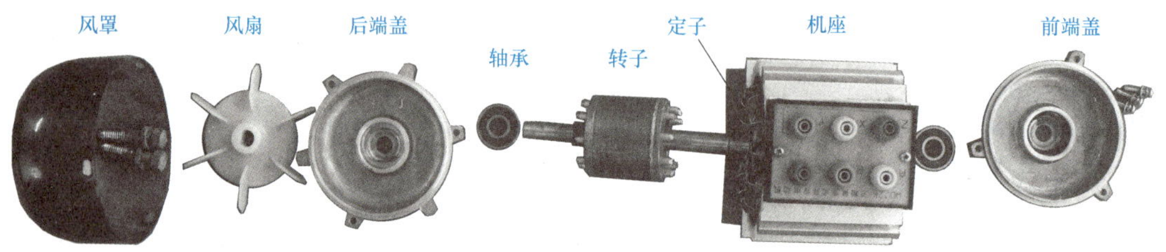

图 5-1　三相笼型异步电动机的分拆结构

(1) 定子。定子是由定子铁心、定子绕组和机座等部分组成的。定子的作用是产生旋转磁场。

(2) 转子。转子是异步电动机的旋转部分。它由转子铁心、转子绕组和转轴三部分组成。

4. 三相笼型异步电动机主要部件的拆装方法

(1) 带轮或联轴器的拆装。

1) 带轮或联轴器的拆卸步骤见表 5-1。

表 5-1　带轮或联轴器的拆卸步骤

步骤	示意图	操作说明及要求
1		用记号笔标出带轮或联轴器的正反面，以免安装时装错
2		用尺子量一下带轮或联轴器在轴上的位置，记住带轮或联轴器与前端盖之间的距离

（续）

步骤	示意图	操作说明及要求
3		旋下压紧螺钉或取下销子
4		在螺钉孔内注入煤油
5		装好拉具，拉具螺杆的中心线要对准电动机轴的中心，转动丝杠，掌握力度，把带轮或联轴器慢慢拉出，切忌硬拆

温馨提示：对带轮或联轴器较紧的电动机，按此法拉出有困难时，可用喷灯等急火在带轮外侧轴套四周加热（掌握好温度，以防变形），使其受热膨胀，就可拉出。在拆卸过程中，严禁用手锤直接敲出带轮，避免造成带轮或联轴器碎裂，使轴变形、端盖受损。

2）带轮或联轴器的安装步骤见表5-2。

表5-2　带轮或联轴器的安装步骤

步骤	示意图	操作说明及要求
1		取一块细砂纸卷在圆锉或圆木棍上，把带轮或联轴器的轴孔打磨光滑
2		用细砂纸把转轴的表面打磨光滑
3		对准键槽，把带轮或联轴器套在转轴上

（续）

步骤	示意图	操作说明及要求
4	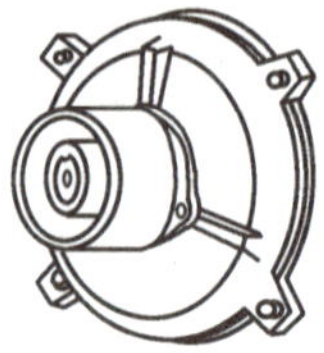	调整带轮或联轴器与转轴之间的键槽位置
5	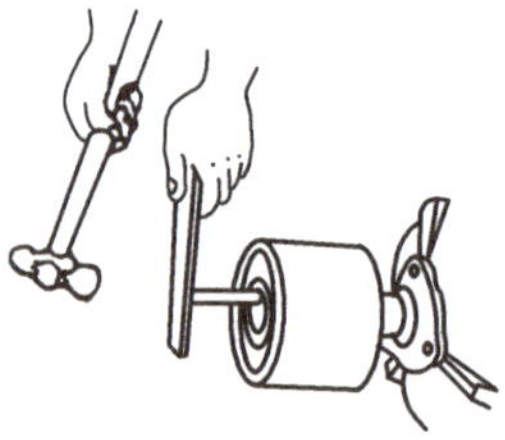	用铁板垫在键的一端，轻轻敲打，使键慢慢进入槽内，键在槽里要松紧适宜，太紧会损伤键和键槽，太松会使电动机运转时打滑，损伤键和键槽
6	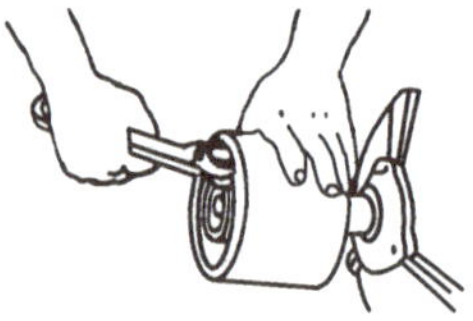	旋转压紧螺钉

（2）轴承外盖和端盖的拆装

① 轴承外盖和端盖的拆卸步骤见表5-3。

表5-3　轴承外盖和端盖的拆卸步骤

步骤	示意图	操作说明及要求
1	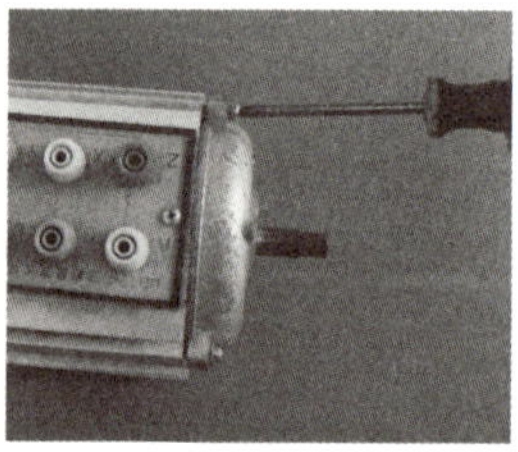	拆卸轴承外盖的方法比较简单，只要旋下固定轴承盖的螺钉，就可把外盖取下。但要注意：在端盖与机座体之间做好记号（前后端盖的记号应有区别），便于装配时复位
2		松开端盖上的紧固螺栓，用一个大小适宜的螺钉旋具插入螺钉孔的根部，将端盖按对角线一先一后地向外扳撬（也可用纯铜棒均匀敲打端盖上端的部位），把端盖取下

温馨提示：若没有拆卸螺孔，可用大小适宜的扁凿，插在端盖突出的耳朵处，按端盖对角线依次向外撬，直至卸下端盖。另外，较大的电动机因端盖较重，应先把端盖用起重设备吊住，以免拆卸时端盖跌碎或碰伤绕组。

② 轴承外盖的安装步骤：首先装上轴承外盖，然后插上一颗螺钉，一只手顶住螺钉，另一只手转动转轴，使轴承的内盖也跟着转动，当转到轴承内外盖的螺钉孔一致时，把螺钉顶入内盖的螺钉孔里，并旋紧；最后把其余两个螺钉也装上，旋紧即可，如图 5-2 所示。

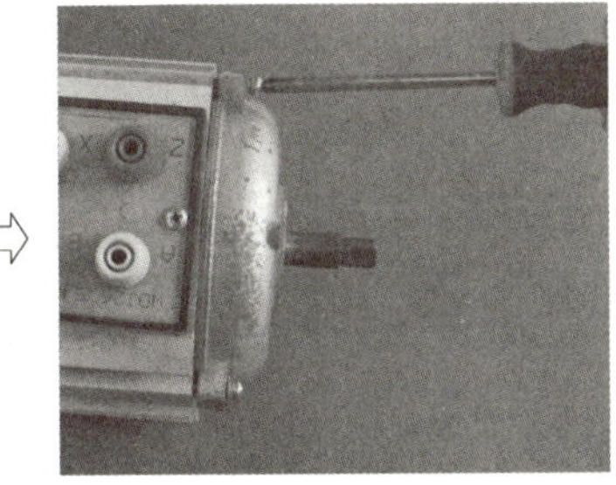
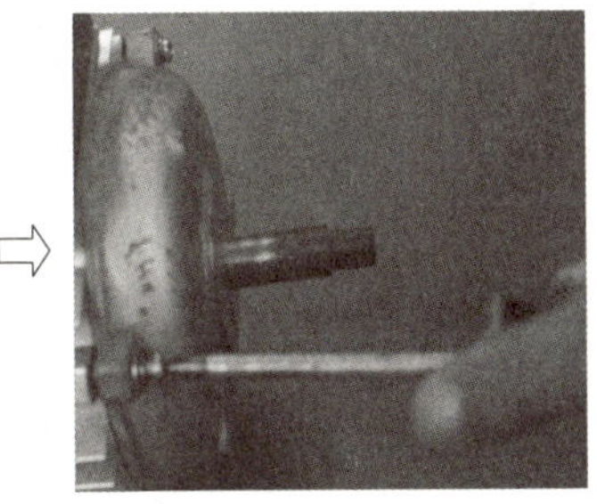

图 5-2　轴承外盖的安装步骤

③ 端盖的安装步骤：首先铲去端盖口的脏物以及机壳口的脏物，再对准机壳上的螺钉孔把端盖装上；插上一对螺钉，按对角线先后把螺钉旋紧；然后再插上另一对螺钉，用同样方法先后把螺钉旋紧，切不可有松有紧，以免损伤端盖，如图 5-3 所示。

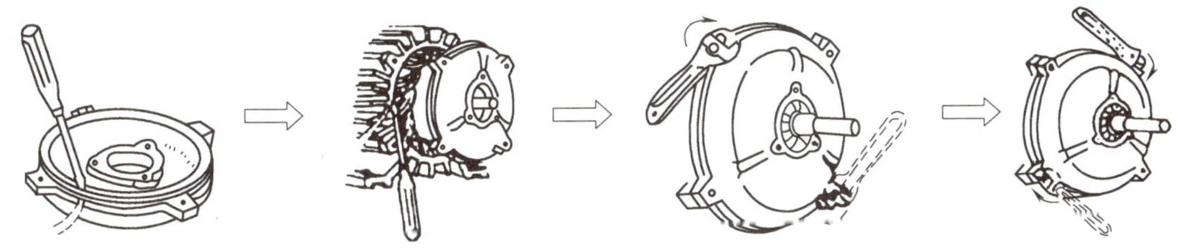

图 5-3　端盖的安装步骤

温馨提示：在固定端盖螺钉时，不可一次将一边端盖拧紧，应将另一边端盖装上后，两边同时拧紧。要随时转动转子，看其是否能灵活转动，以免装配后电动机旋转困难。

（3）风罩和风扇叶的拆装。

封闭式电动机的带轮或联轴器拆除后，就可以把风罩的螺栓松脱，取下风罩，再将转子轴尾端风扇上的定位销或螺栓拆下或松开。用手锤在风扇四周轻轻敲打，慢慢将扇叶拉下，小型电动机的风扇在后轴承不需要加油，更换时可随转子一起抽出。若风扇是由塑料制成的，可用热水加热使塑料风扇膨胀后旋下。

风罩和风扇的安装方法：将风扇装在转子轴尾端，用手锤在四周轻轻敲打，使其进入转子轴，固定定位销或螺栓，安装风罩。上述零部件装完后，要用手转动转子，检查其转动是否灵活、均匀，无停滞或偏重现象。

（4）轴承的拆装

电动机解体后，应对轴承认真检查，了解其型号、结构特点、类型及内外尺寸。轴承在拆卸时因轴颈、轴承内环配合度会受到不同程度的削弱，除非必要，一般情况下都不随意拆卸轴承，只有在下列情况下才需拆卸轴承：

① 轴承磨损超过极限，已影响电动机的安全运行；

② 构成轴承的配件有裂纹、变形、缺损、剥离、严重麻点或拉伤；

③ 由于潮湿和酸类物质的侵入，轴承配件上有严重锈蚀，在轴上无法处理；

④ 发现内、外环配合有松动，外环和端盖镗孔配合太松，需要调换轴承或对轴颈进行维修；

⑤ 发现轴承不合技术要求，如超负荷、转速太快等；

⑥ 发现前后轴承类型不同，位置调错；

⑦ 轴承因受热而变色，经检查硬度已下降到不能使用者。

轴承的拆卸方法见表 5-4。

表 5-4　轴承的拆卸方法

序号	拆卸方法	示意图	操作说明及要求
1	用拉具拆卸		应根据轴承的大小，选好适宜的拉力器，夹住轴承，拉力器的脚爪应紧扣在轴承的内圈上，拉力器的丝杠顶点要对准转子轴的中心，扳转丝杠要慢，用力要均
2	用铜棒拆卸		轴承的内圈垫上铜棒，用手锤敲打铜棒，把轴承敲出。注意：敲打时，要在轴承内圈四周的相对两侧轮流均匀敲打，不可偏敲一边，用力不要过猛
3	在圆桶上拆卸		在轴承的内圆下面用两块铁板夹住，搁在一只内径略大于转子外径的圆桶上面，在轴的端面垫上块，用手锤敲打，着力点对准轴的中心。圆桶内放一些棉纱头，以防轴承脱下时摔坏转子。当敲到轴承逐渐松动时，用力要减弱
4	在端盖内的拆卸		在拆卸电动机时，若遇到轴承留在端盖的轴承孔内时，把端盖止口面朝上，平滑地搁在两块铁板上，垫上一段直径小于轴承外径的金属棒，用手锤沿轴承外圈敲打金属棒，将轴承敲出

温馨提示：因轴承装配过紧或轴承氧化不易拆卸时，可用 100℃ 左右的机油淋浇在轴承内圈上，趁热用上述方法拆卸。

轴承的清洗与检查：

① 将轴承放入煤油桶内浸泡 5～10min，待轴承上油膏落入煤油中，再将轴承放入另一桶比较洁净的煤油中，用细软毛刷将轴承边转边洗，最后在汽油中洗一次，用布擦干即可。

② 检查轴承有无裂纹、滚道内有无生锈等。再用手转动轴承外圈，观察其转动是否灵活、均匀，是否有卡位或过松的现象。小型轴承可用左手的拇指和食指捏住轴承内圈并摆平，另一只手轻轻地用力推动外钢圈旋转，如图 5-4 所示。如轴承良好，外钢圈应转动平稳，并逐渐减速至停，转动中没有振动和明显的停滞现象，停止转动后的钢圈没有倒退现象。如果轴承有缺陷，转动时会有杂音和振动，停止时像制动一样突然，严重的还会倒退反转。这样的轴承应及时更换。

图 5-4　轴承的检查方法

温馨提示：轴承经清洗后应加装润滑脂，一般二极电动机装满轴承 1/3～1/2 空间容积；四极及其以上的电动机装满轴承 2/3 空间容积，且塞装要均匀。轴承内外盖的润滑脂一般为盖内容积的 1/3～1/2。

轴承的安装方法见表 5-5。

表 5-5　轴承的安装方法

序号	安装方法	示意图	操作说明及要求
1	敲打法		把轴承套到轴上，对准轴颈，用一段铁管，其内径略大于轴颈直径，外径略大于轴承内圈的外径，铁管的一端顶在轴承的内圈上，用手锤敲铁管的另一端，把轴承敲进去，如左图所示。如果没有铁管，也可用铁条顶住轴承的内圈，对称地、轻轻地敲，轴承也能水平地套入转轴
2	热装法	轴承不能放在槽底 火炉 轴承应吊在油中 火炉 100W	如配合度较紧，为了避免把轴承内环涨裂或损伤配合面，可采用热装法。首先将轴承放在油锅（或油槽内）里加热，油的温度保持在 100℃左右，轴承必须浸没在油中，又不能和锅底接触，可用铁丝将轴承吊起架空，加热要均匀，30～40min 后，把轴承取出，趁热迅速地将轴承一直推到轴颈。在条件有限时，也可将轴承放在 100W 白炽灯上烤热，1h 后即可套在轴上

温馨提示：如果转轴有铁锈使轴承装配困难，应用细砂布给轴表面打磨除锈，清洁后涂抹润滑油，再进行安装，切不可硬将轴承敲进轴中。轴承装在轴上后，应保持与未装时一样灵活。

（5）转子的拆装

转子的拆卸方法见表5-6。

表5-6　转子的拆卸方法

序号	电动机类型	示意图	操作说明及要求
1	小型电动机		拆卸转子时，要一手握住转子，把转子拉出一些，随后用另一只手托住转子铁心渐渐往外移。注意：不能碰伤定子绕组
2	中型电动机		拆卸转子时，要一人抬住转轴的一端，另一人抬住转轴的另一端，渐渐地把转子往外移
3	大型电动机		拆卸大型电动机的转子时，要用起重设备分段吊出转子。具体方法如下： ①用钢丝绳套住转子两端的轴颈，并在钢丝绳与轴颈之间衬一层纸板或棉纱头。 ②起吊转子，当转子的重心移出定子时，在定子与转子的间隙中塞入纸板垫衬，并在转子移出的轴端垫支架或木块支承转子。 ③用钢丝绳吊出转子，在钢丝绳与转子之间塞入纸板垫衬，就可以把转子全部吊出

转子的安装方法：转子的安装是转子拆卸的逆过程。安装时，要对准定子中心把转子小心地往里送。

温馨提示：抽出转子或安装转子时要小心操作，一边送一边接，不可擦伤定子绕组。

技能训练 三相笼型异步电动机的拆装训练

一、训练工具及器材

训练工具及器材见表 5-7。

表 5-7 训练工具及器材

名称	数量	名称	数量
拉具	1 套	小盒(或纸盒)	1 个
活扳手	3 把	锤子	1 把
呆扳手	2 把	油盒	1 只
套筒扳手	1 把	刷子	1 把
纯铜棒	1 根	电动机拆装的教学挂图	1 幅
4kW 三相笼型异步电动机	1 台	煤油、钠基润滑脂	若干

二、训练内容

1. 拆卸前的准备工作

(1) 准备好拆卸场地及拆卸电动机的专用工具，如图 5-5 所示。

(2) 做好记录或标记（在线头、端盖、刷握等处）。

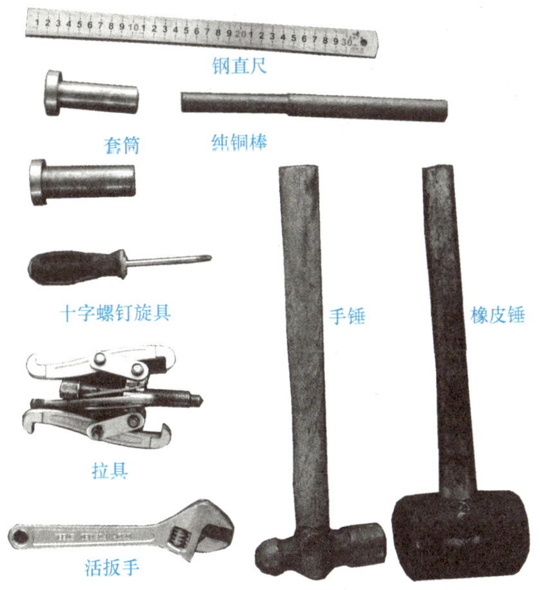

图 5-5 电动机拆卸常用工具

2. 电动机的拆卸

电动机的拆卸步骤见表 5-8。

表 5-8　电动机的拆卸步骤

拆卸步骤	示意图	操作说明及要求
1		切断电源,拆卸电动机与电源的连接线,并对电源线头做好绝缘处理
2	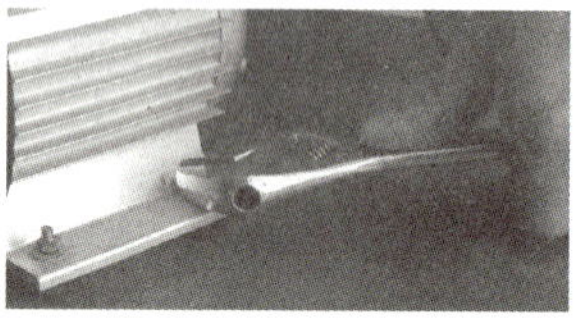	卸下传动带,卸下地脚螺栓。注意:将各螺母、垫片等小零件用一个小盒装好,以免丢失
3	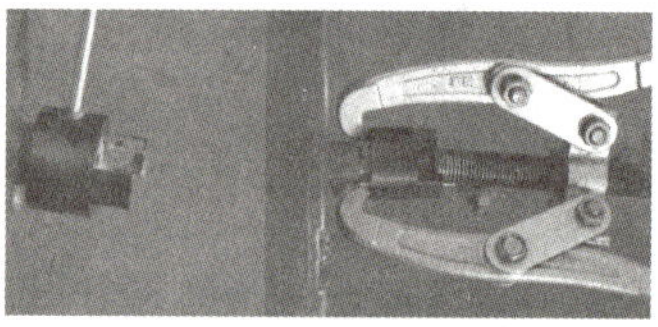	卸下带轮或联轴器
4		卸下前轴承外盖和端盖(绕线转子电动机要先提起和拆除电刷、电刷架及引出线)
5	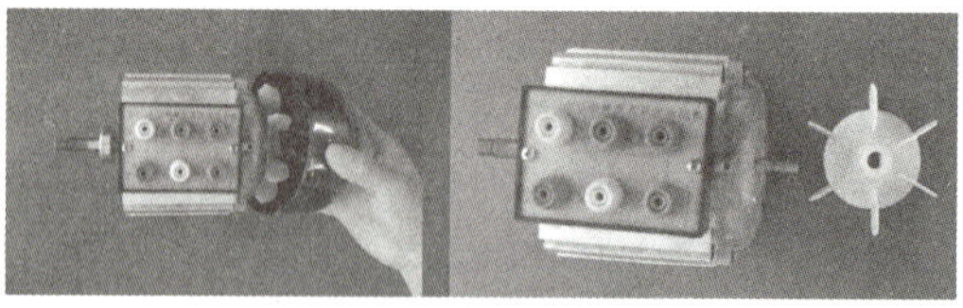	卸下风罩和风扇
6		卸下后轴承外盖和后端盖
7	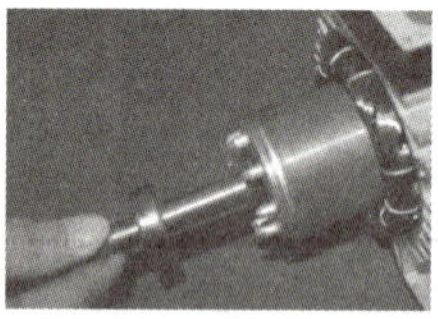	抽出或吊出转子(注意吊出绕线转子电动机的转子时不要损伤滑环面和刷架)
8	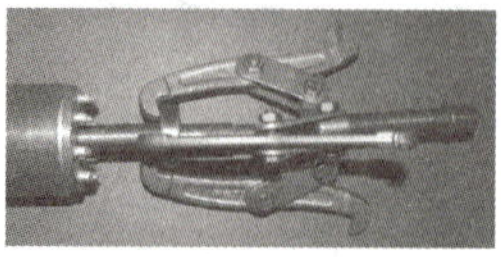	用拉具拆卸前后轴承及轴承内盖

温馨提示：卸前端盖时可用大小适宜的扁凿插在端盖突出的耳朵处，按端盖对角线依次向外撬，直至卸下前端盖；另外，在抽出转子之前，应在转子下面和定子绕组端部之间垫上厚纸板，以免抽出转子时碰伤铁心和绕组。对于配合较紧的新的小型异步电动机，为了防止损坏电动机表面的油漆和端盖，卸下前轴承外盖和端盖螺钉后，不拆前端盖就开始卸下风罩和风扇，然后卸下后轴承外盖和后端盖螺钉，再按图 5-6 所示来拆卸电动机。

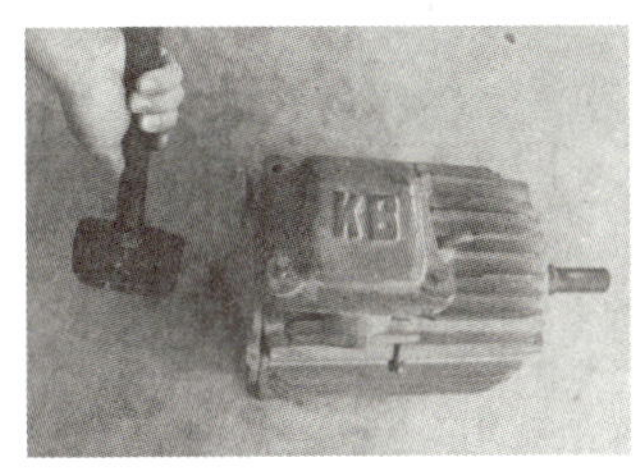

⇨

⇨

图 5-6　配合较紧的电动机拆卸步骤

3. 电动机的组装

电动机的组装顺序与拆卸顺序大致相反，具体组装步骤如下：

(1) 将检修、清洗干净的所有零部件集中在一起，保持装配地点的清洁。

(2) 安装前后轴承及轴承内盖（先把轴承内盖套入转轴，再把轴承套在转轴上）。

(3) 安装后端盖和后轴承外盖。

(4) 安装转子并固定后端盖。

(5) 安装前端盖和前轴承外盖（安装后用手盘动转子，转子转动应灵活、均匀，无停滞或偏重现象）。

(6) 安装风扇和风罩。

(7) 安装带轮或联轴器（用手盘动转子，如果转动部分未擦及固定部分，转动灵活，则说明装配成功）。

(8) 检查电动机的绝缘电阻值，电动机就位，对准电动机轴和传动轴的轴心，拧紧地脚螺钉，接通电源试车。

4. 装配后的检验

(1) 检查电动机的转子转动是否轻便灵活，如转子转动比较沉重，可用纯铜棒轻敲端盖，同时调整端盖紧回螺栓的松紧程度，使之转动灵活。检查绕线转子电动机的刷握位置是否正确，电刷与滑环接触是否良好，电刷在刷握内有无卡住，弹簧压力是否均匀等。

(2) 检查电动机的绝缘电阻值，摇测电动机定子绕组相与相之间、各相对地之间的绝缘电阻（不低于 0.5MΩ，定子维修后的电动机不低于 5MΩ），还应检查绕线转子异步电动机的转子绕组及绕组对地间的绝缘电阻。

(3) 根据电动机的铭牌与电源正确接线，并在电动机外壳上安装好接地线，用钳形电流表分别检测三相电流是否平衡。

(4) 用转速表测量电动机的转速。

(5) 让电动机空转运行半小时后，检测机壳和轴承处的温度，观察振动和噪声。空载时，还应检查绕线转子电动机的电刷有无火花及过热现象。

三、训练步骤

1. 电动机的拆卸

拆卸顺序依次为：带轮或联轴器→前轴承外盖→前端盖→风罩→风扇→后轴承外盖→后端盖→抽出转子→前轴承→前轴承内盖→后轴承→后轴承内盖。

2. 电动机的清洗与检查

（1）轴承清洗。

（2）加润滑脂。

（3）定子内腔和端盖处除尘处理或清洗。

3. 电动机的组装

组装顺序依次为：后轴承内盖→后轴承→前轴承内盖→前轴承→安装转子→后端盖→后轴承外盖→前端盖→前轴承外盖→风扇→风罩→带轮或联轴器

四、任务评价

三相笼型异步电动机的拆装训练评价见表5-9。

表5-9　三相笼型异步电动机的拆装训练评价

班级		学号		姓名			
序号	评价内容	配分	评分标准	评价结果/分			综合得分
				自评	小组评	教师评	
1	电动机拆卸	30	（1）拆卸步骤不正确，每次扣5分； （2）拆卸方法不正确，每次扣5分； （3）工具使用不正确，每次扣5分				
2	电动机组装	30	（1）装配步骤不正确，每次扣5分； （2）装配方法不正确，每次扣5分； （3）一次装配后电动机不合要求，需重装扣20分				
3	电动机的清洗与检查	20	（1）轴承清洗不干净扣5分； （2）润滑脂量过多或过少扣5分； （3）定子内腔和端盖处未做除尘处理或清洗扣10分				
4	同组协作	20	互相帮助、共同学习				
5	安全文明生产	只扣分，不加分	（1）发生安全事故，扣10分； （2）材料摆放零乱，扣5分； （3）实训结束后，工具不归位，扣5分				
合计							

学生在任务完成过程中遇到的问题记录：

温馨提示：安全文明生产实施倒扣分，即只扣分，不加分；其他项目扣分，错一项扣一项分，但不超过其配分。

任务2　三相笼型异步电动机的铭牌识读

知识储备

每台异步电动机的机座上都有一个铭牌，它标记着电动机的型号、各种额定值和联结方式等。

1. 型号

型号指电动机的产品代号、规格代号和特殊环境代号，电动机产品型号一般采用大写印刷体的汉语拼音字母和阿拉伯数字。其中汉语拼音字母是根据电动机全名称选择有代表意义的汉字，再用该汉字的第一个拼音字母组成，它表明了电动机的类型、规格、结构特征和使用范围；阿拉伯数字分别表示机座中心高、轴伸长度和磁极数等。如 Y160L—6 型电动机的含义为：Y 表示三相异步电动机；160 表示机座中心高为 160mm；L 表示长轴伸长度（M 为中轴伸长度、S 为短轴伸长度）；6 表示磁极数为 6 极。

我国目前生产的异步电动机种类很多，有新老系列之分。老系列电动机已不再生产，现有的将逐步被新系列电动机所取代。新系列电动机符合国际电工委员会标准，具有国际通用性，技术、经济指标更高。表 5-10 是几种常用异步电动机新旧代号对照表。

表 5-10　异步电动机新旧产品代号对照表

产品名称	新代号	含义	老代号
异步电动机	Y	异步	J、JO、JS、JK
绕线式异步电动机	YR	异步	JR、JRO
高起动转矩异步电动机	YQ	异步起动	JQ、JQO
多速异步电动机	YD	异步多速	JD、JDO
精密机床异步电动机	YJ	异步精密	JJO
大型绕线式高速异步电动机	YRK	异步绕线快速	YRG

我国生产的异步电动机的主要产品系列有：

Y 系列为一般的小型笼型全封闭自冷式三相异步电动机，主要用于金属切削机床、通用机械、矿山机械和农业机械等；YD 系列是变极多速三相异步电动机；YR 系列是三相绕线式异步电动机；YZ 和 YZR 系列是起重和冶金用三相异步电动机，YZ 是笼型，YZR 是绕线式；YB 系列是防爆笼型异步电动机；YCT 系列是电磁调速异步电动机。

其他类型的异步电动机可参阅有关产品目录。

2. 额定值

（1）额定功率 P_N：额定功率指电动机在额定运行时，轴上输出的机械功率，单位为 kW。

（2）额定电压 U_N 和联结方式：额定电压指电动机额定运行状态时，定子绕组应加的线电压，单位为 V。铭牌上给出两个电压值，分别对应于定子绕组三角形联结方式和星形联结方式，如铭牌标为 220D/380YV 时，表明当电压为 220V 时，电动机定子绕组用三角形联结，而电源为 380V 时，电动机定子绕组用星形联结。两种方式都能保证每相定子绕组在额定电压下运行。为了使电动机正常运行，一般规定电源电压波动应不超过额定值的 5%。

（3）额定电流 I_N 是指电动机在额定电压下运行，输出功率达到额定值，流入定子绕组的线电流，单位为 A。

（4）额定频率 f_N 是指加在电动机定子绕组上的允许频率，我国电力网的频率规定为 50Hz。

（5）额定转速 n_N 是指电动机在额定电压、额定频率和额定输出的情况下电动机的转速，单位为 r/min。

（6）绝缘等级是指电动机内部所有绝缘材料允许的最高温度等级，它决定了电动机工作时允许的温升。各种等级所对应温度关系见表 5-11。

表 5-11　电动机绝缘等级所对应温度关系

绝缘耐热等级	A	E	B	F	H	C
允许最高温度/℃	105	120	130	155	180	180 以上
允许最高温升/℃	65	80	90	115	140	140 以上

（7）定额是按电动机在额定运行时的持续时间，定额分为连续—S1、短时—S2 及断续—S3 三种。“连续”表示该电动机可以按铭牌的各项定额长期运行。“短时”表示只能按照铭牌规定的工作时间短时使用。“断续”表示该电动机短时运行，但每次周期性断续使用。

（8）防护等级表示电动机防止杂物与水进入的能力。它是由外壳防护标志字母 IP 后跟 2 位具有特定含义的数字代码进行标定的。第 1 个数字表示电动机离尘、防止外物侵入的等级，第 2 个数字表示电动机防湿气、防水侵入的密闭程度，数字越大表示其防护等级越高。

在铭牌上除了给出以上主要数据外，有的电动机还标有额定功率因数 $\cos\phi_N$。异步电动机的 $\cos\phi_N$ 随负载的变化而变化，满载时 $\cos\phi$ 约为 0.7~0.9，轻载时 $\cos\phi$ 较低，空载时只有 0.2~0.3。实际使用时要根据负载的大小来合理选择电动机容量，防止“大马拉小车”。

温馨提示：按电动机铭牌所规定的条件和额定值运行，称为电动机的额定运行状态。

技能训练　三相异步电动机铭牌的识读

在实际应用中，电动机的铭牌数据是选用电动机的一个最重要的依据。

一、训练工具及器材

三相异步电动机铭牌如图 5-7 所示。

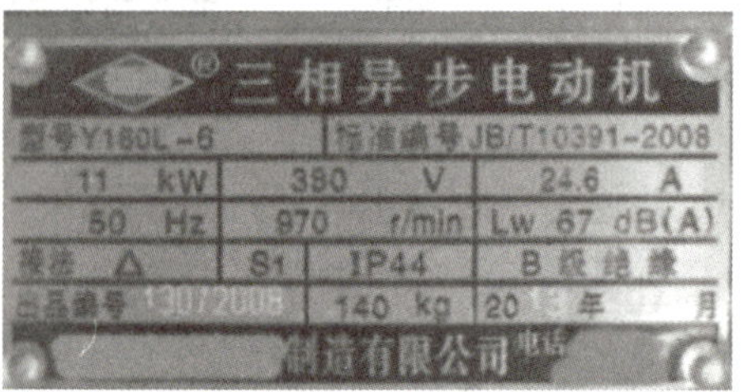

图 5-7　三相异步电动机铭牌

二、训练内容

三相异步电动机铭牌的识读。

三、训练步骤

(1) 认真识读图 5-7 中电动机铭牌上的各项数据。

(2) 参照数据表格，读懂各项数据的含义。

(3) 记录各项数据的含义并填入表 5-12 中。

表 5-12　记录表

铭牌数据	含义	铭牌数据	含义

四、任务评价

三相异步电动机铭牌识读评价见表 5-13。

表 5-13　三相异步电动机铭牌识读评价

<table>
<tr><td>班级</td><td colspan="2"></td><td>学号</td><td colspan="2"></td><td>姓名</td><td></td></tr>
<tr><td rowspan="2">序号</td><td rowspan="2">评价内容</td><td rowspan="2">配分</td><td rowspan="2">评分标准</td><td colspan="3">评价结果/分</td><td rowspan="2">综合得分</td></tr>
<tr><td>自评</td><td>小组评</td><td>教师评</td></tr>
<tr><td>1</td><td>铭牌数据摘抄</td><td>20</td><td>(1)铭牌数据摘抄准确，每个错误扣 5 分；
(2)铭牌数据摘抄完整，缺失一条扣 5 分</td><td></td><td></td><td></td><td></td></tr>
<tr><td>2</td><td>铭牌含义解释</td><td>60</td><td>(1)含义解释模糊不清，每条扣 3 分；
(2)含义解释有遗漏的，缺失一条扣 6 分；
(3)铭牌含义解释与数据不能对应的，每条扣 12 分</td><td></td><td></td><td></td><td></td></tr>
<tr><td>3</td><td>同组协作</td><td>20</td><td>互相帮助，共同学习</td><td></td><td></td><td></td><td></td></tr>
<tr><td>4</td><td>安全文明生产</td><td>只扣分，不加分</td><td>(1)发生安全事故，扣 10 分；
(2)材料摆放零乱，扣 5 分；
(3)实训结束后，工具不归位，扣 5 分</td><td></td><td></td><td></td><td></td></tr>
<tr><td colspan="4">合计</td><td></td><td></td><td></td><td></td></tr>
<tr><td colspan="8">学生在任务完成过程中遇到的问题记录：</td></tr>
</table>

温馨提示：安全文明生产实施倒扣分，即只扣分，不加分；其他项目扣分，错一项扣一项分，但不超过其配分。

任务 3　三相笼型异步电动机的联结方式与绕组

知识储备

检修或重绕三相笼型异步电动机三相绕组的六条引出线，首、尾必须分清，否则在接线盒内无法正确接线而造成电动机不能正常工作，严重时会烧毁电动机。三相笼型异步电动机六条引出线的首、尾分别用 U1、V1、W1、U2、V2、W2 进行标注。其中 U1、U2 表示第一相绕组的首、尾端；V1、V2 表示第二相绕组的首、尾端；W1、W2 表示第三相绕组的首、尾端。不同字母表示不同相别，相同数字表示同为首或尾。检修电动机时，如果六条引出线标号完整，只有接线盒内接线板损坏，可按电动机铭牌上规定的联结方式更换接线板，正确接线即可。三相笼型异步电动机联结方式分为星形（Y）联结和三角形（△）联结两种，如图 5-8 所示。

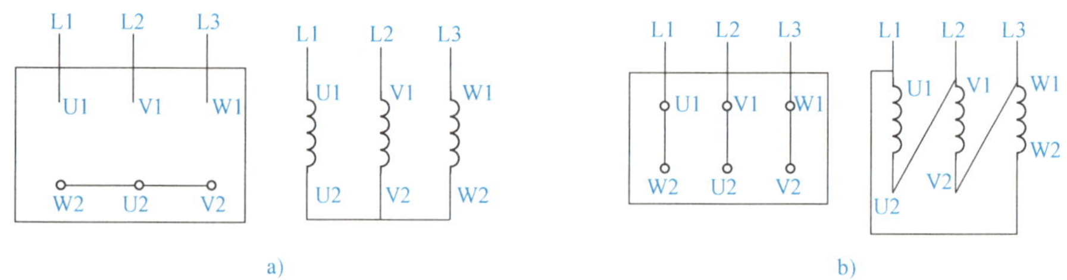

图 5-8　三相笼型异步电动机联结方法

a）星形联结　b）三角形联结

如果六条引出线的标号已被破坏或重绕电动机绕组后，就必须先确定六条引出线的首、尾端进行标号，然后再按规定接到接线板上。

技能训练　三相笼型异步电动机定子绕组首、尾端的判断

一、训练工具、仪表及器材

训练工具、仪表及器材见表 5-14。

表 5-14　训练工具、仪表及器材

名称	数量	名称	数量
75mm 一字螺钉旋具	1 把	75mm 十字螺钉旋具	1 把
150mm 一字螺钉旋具	1 把	150mm 十字螺钉旋具	1 把
150mm 尖嘴钳	1 把	150mm 剥线钳	1 把
MF-47 型万用表	1 台	220/36V 变压器	1 台

（续）

名称	数量	名称	数量
三相异步电动机	1台	绝缘胶布	1卷
36V 螺口灯泡(配灯座)	1套	按钮开关	1只
3V 电池(配电池夹)	1套	编码绝缘套管	若干米
导线	若干米		

二、训练内容

三相笼型异步电动机在使用中，绕组接线柱损坏或电动机绕组烧毁重新绕制时，三相笼型异步电动机定子绕组的首尾端经常会打乱，分不清楚，此时可以通过以下方法来判断：

1. 用万用表判别

用万用表判别三相笼型异步电动机定子绕组首尾端的方法，见表5-15。

表5-15 用万用表判别三相笼型异步电动机定子绕组首、尾端的方法

步骤及示意图	方法一	方法二
1	用万用表电阻档测量,找出三相笼型异步电动机的三相绕组(电阻值近似为零时,两表笔所接为一组绕组的两端),假设三相绕组的首、尾端	
2	万用表置mA档,按示意图接线。假设一端接线为头(U1、V1、W1),另一端接线为尾(U2、V2、W2)	万用表置mA档,按示意图接线。闭合开关S瞬间,万用表向右摆动,则电池(3V左右)正极所接线头与万用表正表笔所接线头同为头或尾。如指针向左反摆,则电池正极所接线头与万用表负表笔所接线头同为头或尾
3	用手转动转子,如万用表指针不动,表明假设正确。如万用表指针摆动,表明假设错误,应对调其中一相绕组头、尾端后重试,直至万用表不摆动时,即可将连在一起的3个线头确定为头或尾	将电池(或万用表)改接到第三相绕组的两个线头上重复以上试验,确定第三相绕组的头、尾,以此确定三相绕组各自的头和尾
示意图	U1 U2 V1 V2 W1 W2 mA	U1 V1 W1 E S mA U2 V2 W2

2. 白炽灯判别法

用白炽灯判别三相笼型异步电动机定子绕组首、尾端的方法见表5-16。

表5-16 用白炽灯判别三相笼型异步电动机定子绕组首、尾端的方法

步骤及示意图	方法一	方法二
1	用万用表电阻档测量,找出三相笼型异步电动机的三相绕组(电阻值近似为零时,两表笔所接为一组绕组的两端),假设三相绕组的首、尾端	

（续）

步骤及示意图	方法一	方法二
2	闭合开关S，如白炽灯亮，表明两相绕组为首、尾串联；如白炽灯不亮，表明两组绕组为尾、尾或首、首串联	闭合开关S，如36V白炽灯亮，表示接220V电源两相绕组为首、尾串联。如白炽灯不亮表示两相绕组为首、首或尾、尾串联
3	将检查确定的线头做好标记，将其中一相与接36V电源一相对调重试，以此确定三相绕组所有的首、尾端	将检查确定的线头做好标记，将其中一相与接白炽灯一相对调重试，以此确定三相绕组所有首、尾端
示意图	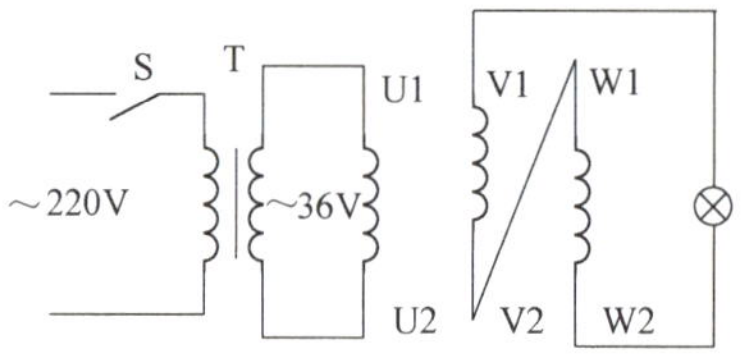 S T ~220V ~36V U1 U2 V1 V2 W1 W2	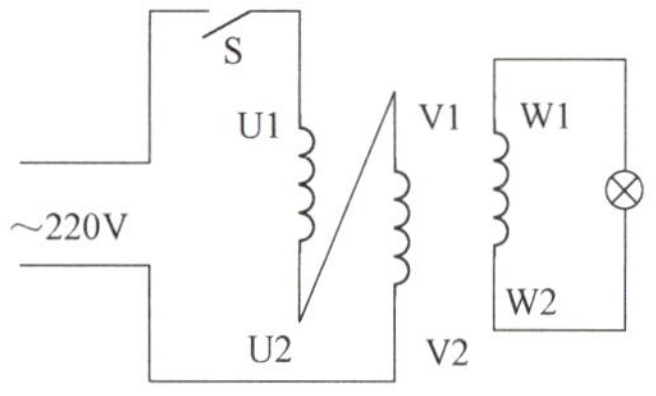 S ~220V U1 U2 V1 V2 W1 W2

三、训练步骤

1. 用万用表判别三相笼型异步电动机定子绕组首、尾端

（1）先用万用表电阻档找出三相定子绕组各相的两个线头，并做好标记。

（2）按万用表判别方法一的示意图接线。

（3）转动电动机转子，观察万用表指针偏转情况。

（4）得出结论。

2. 用白炽灯判别三相笼型异步电动机定子绕组首、尾端

（1）先用万用表电阻档找出三相定子绕组各相的两个线头，并做好标记。

（2）按白炽灯判别方法一的示意图接线。

（3）闭合开关S，观察白炽灯亮灭情况。

（4）断开开关S，将检查确定的线头做好标记，将其中一相与接36V电源一相对调重试，再次闭合开关S，观察白炽灯亮灭情况。

（5）得出结论。

温馨提示：训练前，教师应提前拆除三相笼型异步电动机绕组引出线标记，拆卸电动机引出线盒子时要妥善放置盒盖及螺钉；电动机引出线不得强行拉拽，以防止断线；注意用电安全，防止触电事故发生。

四、任务评价

三相笼型异步电动机定子绕组首、尾端判别任务评价见表5-17。

表 5-17　三相笼型异步电动机定子绕组首、尾端判别任务评价

班级			学号		姓名		
序号	评价内容	配分	评分标准	评价结果/分			综合得分
				自评	小组评	教师评	
1	接线盒拆卸及端线处理	20	(1)拆卸引出线盒子方法不正确,每次扣5分; (2)工具使用不正确,每次扣5分; (3)端线处理不到位而致使端线损坏,扣5分; (4)绝缘恢复不当而导致影响判断效果,扣5分				
2	万用表判别	30	(1)判定方法不够两种,扣10分; (2)判定时未做记录者,扣20分; (3)判定方法混乱,或没有判定结果,扣30分				
3	白炽灯判别法	30	(1)判定前未对变压器、白炽灯等器材检测,扣30分; (2)线路连接时引出线裸露过长,每处扣5分; (3)未按图接线,扣30分; (4)线头未做标记,每处扣5分; (5)判定方法混乱或没有判定结果,扣30分				
4	同组协作	20	互相帮助、共同学习				
5	安全文明生产	只扣分,不加分	(1)发生安全事故,扣10分; (2)材料摆放零乱,扣5分; (3)实训结束后,工具不归位,扣5分				
学生在任务完成过程中遇到的问题记录:							

温馨提示：安全文明生产实施倒扣分，即只扣分，不加分；其他项目扣分，错一项扣一项分，但不超过其配分。

项目6 三相异步电动机基本电气控制线路的安装与调试

情景导入

小宇跟着爸爸去上班，他看到许多工人在生产线上忙着，他发现这条生产线没人控制但时走时停的，他在思考，这是怎么回事？在工矿企业生产方面经常要用到电动机来进行动力传输，如机床的控制、水泥搅拌机的运行、生产线的控制等，本项目我们将对三相异步电动机的基本控制线路的类型、构成及原理、线路的安装和故障查找等进行全面的了解。

知识目标

（1）认识常用的低压电器的结构及其工作原理；

（2）掌握三相异步电动机点动控制线路的工作原理；

（3）掌握三相异步电动机自锁控制线路的工作原理；

（4）掌握三相异步电动机正反转控制线路的工作原理；

（5）掌握三相异步电动机位置控制与自动往返控制线路的工作原理；

（6）掌握三相异步电动机顺序控制与多地控制线路的工作原理；

（7）掌握三相异步电动机星形/三角形降压起动控制线路的工作原理。

技能目标

（1）能够对常用的低压电器进行检测和拆装；

（2）能够进行三相异步电动机点动控制线路的安装、调试和维修；

（3）能够进行三相异步电动机自锁控制线路的安装、调试和维修；

（4）能够进行三相异步电动机正反转控制线路的安装、调试和维修；

（5）能够进行三相异步电动机位置控制与自动往返控制线路的安装、调试和维修；

（6）能够进行三相异步电动机顺序控制与多地控制线路的安装、调试和维修；

（7）能够进行三相异步电动机星形/三角形降压起动控制线路的安装、调试和维修；

（8）学会电动机基本控制线路故障检修的一般步骤和方法。

任务1　认识常用低压电器

知识储备

一、低压电器的基本知识

工业电器按其工作电压的高低，以交流1200V、直流1500V为界，可划分为高压电器和低压电器两大类。

1. 低压电器的定义

低压电器是指用在交流50Hz、额定电压1200V以下及直流额定电压1500V以下的电路中，能根据外界的信号和要求，手动或自动地接通、断开电路，以实现对电路或电气设备的切换、控制、保护、检测和调节的工业电器。低压电器作为基本控制电器，广泛应用于输配电系统和自动控制系统，在工农业生产、交通运输和国防工业中起着极其重要的作用。目前，低压电器正朝着小型化、模块化、组合化和高性能化发展。

2. 低压电器的分类

（1）按动作原理分类

① 手动电器：该类电器的动作是由工作人员手动操纵的，如刀开关、组合开关及按钮等。

② 自动电器：该类电器是按照操作指令或参量变化自动动作的，如接触器、继电器、熔断器和行程开关等。

（2）按用途和所控制的对象分类

① 低压控制电器：该类电器主要用于设备电气控制系统，用于各种控制电路和控制系统的电器，如接触器、继电器、电动机起动器等。

② 低压配电电器：该类电器主要用于低压配电系统中，用于电能的输送和分配的电器，如刀开关、转换开关、熔断器和低压断路器等。

③ 低压主令电器：该类电器主要用于自动控制系统中发送动作指令的电器，如按钮、转换开关等。

④ 低压保护电器：该类电器主要用于保护电源、电路及用电设备，使它们不致在短路、过负荷等状态下运行遭到损坏的电器，如熔断器、热继电器等。

⑤ 低压执行电器：该类电器主要用于完成某种动作或传送功能的电器，如电磁铁、电磁离合器等。

（3）按工作环境分类

① 一般用途低压电器：该类电器是指用于海拔不超过2000m，周围环境温度在−25～40℃之间，空气相对湿度为90%，安装倾斜度不大于5°，无爆炸危险的介质及无显著摇动和冲击振动的场合的电器。

② 特殊用途电器：该电器是指在特殊环境和工作条件下使用的各类低压电器，通常

是在一般用途低压电器的基础上派生而成的，如防爆电器、船舶电器、化工电器、热带电器、高原电器以及牵引电器等。

3. 低压电器的组成

低压电器一般由感受和执行两部分组成，感受部分感受外界的信号并做出有规律的反应，在自动切换电器中，感受部分大多由电磁机构组成，如交流接触器的线圈、铁心和衔铁构成电磁机构。在手动电器中，感受部分通常为操作手柄，如主令控制器由手柄和凸轮块组成感受部分。执行部分根据指令要求，执行电路接通、断开等任务，如交流接触器的触头连同灭弧装置。对低压断路器等低压电器，还具有中间（传递）部分，它的任务是把感受和执行两部分联系起来，使它们协同一致，按一定的规律动作。

4. 低压电器的性能指标

低压电器的性能参数主要包括额定电压、额定电流、通断能力、电气寿命和机械寿命等。

① 额定电压是低压电器在规定条件下长期工作时，能保证电器正常工作的电压值，通常是指主触点的额定电压。有电磁机构的控制电器还规定了吸引线圈的额定电压。

② 额定电流是保证电器能正常工作的电流值。同一电器在不同的使用条件下，有不同的额定电流等级。

③ 通断能力是低压电器在规定的条件下，能可靠接通和分断的最大电流。通断能力与电器的额定电压、负载性质、灭弧方法等有很大关系。

④ 电气寿命是低压电器在规定条件下，在不需修理或更换零件时的负载操作循环次数。

⑤ 机械寿命是低压电器在需要修理或更换机械零件前所能承受的负载操作次数。

二、常用低压电器

在工矿企业的电气控制设备中，基本上采用的都是低压电器。因此，低压电器是电气控制中的基本组成元件，控制系统的优劣和低压电器的性能有直接的关系。作为电气工程技术人员，应该熟悉低压电器的结构、工作原理和使用方法。可编程序控制器在电气控制系统中需要大量的低压控制电器才能组成一个完整的控制系统，因此熟悉低压电器的基本知识是学习可编程序控制器的基础。

1. 常用主令电器

主令电器是用来接通和分断控制电路以发布命令或对生产过程作程序控制的开关电器。它包括控制按钮、行程开关、主令开关和主令控制器等。另外，还有踏脚开关、接近开关、倒顺开关、紧急开关、钮子开关等。

（1）控制按钮（简称按钮）

按钮是一种具有用人体某一部分（一般为手指或手掌）所施加力而进行操作的操动器，并能进行储能（弹簧）复位的一种控制开关，它属于主令电器。按钮的触头允许通过的电流较小，一般不超过5A，因此，一般情况下它不直接控制主电路的通断、功能转换或电气联锁。

按钮开关外形、结构及符号如图6-1所示，文字符号为SB。它主要由按钮帽、复位弹簧、动合（常开）触头、动断（常闭）触头等组成。

按钮按静态（不受外力作用）时触头的分合状态，可分为动合按钮（起动按钮）、动断

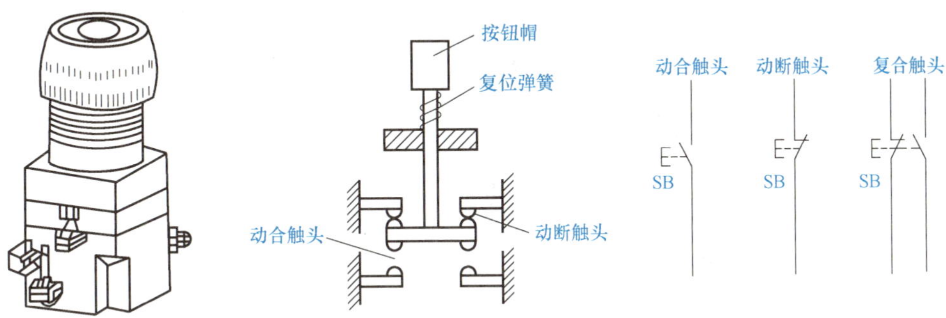

图 6-1　按钮开关外形图、结构及符号

按钮（停止按钮）和复合按钮（动合、动断组合为一体的按钮）。

① 动合（常开）按钮：未按下时触头是断开的；按下时，触头闭合；当松开后，按钮自动复位。

② 动断（常闭）按钮：与动合按钮相反，未按下时触头是闭合的；按下时触头断开；当松开后，按钮自动复位。

③ 复合按钮：将动合和动断按钮组合为一体。按下复合按钮时，其动断触头先断开，然后动合触头再闭合；而松开时，动合触头先断开，然后动断触头再闭合。

选用按钮，应根据它的作用，从触点数、颜色和形状等方面考虑，安装时要根据控制工艺要求合理布局，整齐排列。

（2）行程开关。

行程开关又称限位开关或位置开关，其作用和原理与按钮相同，只是其触头的动作不是靠手动操作，而是利用生产机械某些运动部件的碰撞使其触头动作。行程开关触头通过的电流一般不超过 5A。常用行程开关有 LX19 系列和 JLXK1 系列，其型号含义如图 6-2 所示。

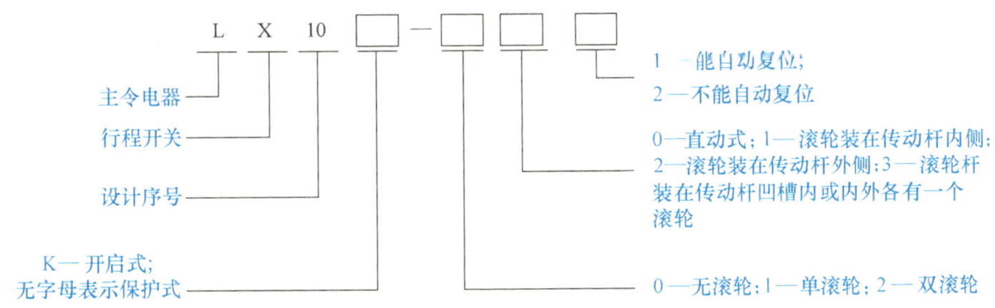

图 6-2　LX19 系列和 JLXK1 系列型号的含义

行程开关有多种构造形式，常用的有按钮式（直动式）和滚轮式（旋转式），其中滚轮式又分为单滚轮式和双滚轮式两种。行程开关的外形如图 6-3 所示。

选用行程开关，主要应根据被控制电路的特点、要求及生产现场条件和所需触头数量、种类等因素综合考虑。行程开关的图形符号如图 6-4 所示，文字符号为 SQ。

2. 常用开关类电器

低压开关类电器主要用于不频繁地接通和分断低压供电电路，起着控制、保护、转换和

图 6-3　行程开关的外形

隔离的作用。常用低压开关类电器有刀开关、转换开关、低压断路器三类。

(1) 刀开关。刀开关的种类很多，在电力拖动控制线路中最常用的是由刀开关和熔断器组合而成的负荷开关。负荷开关分为开启式负荷开关和封闭式负荷开关两种。

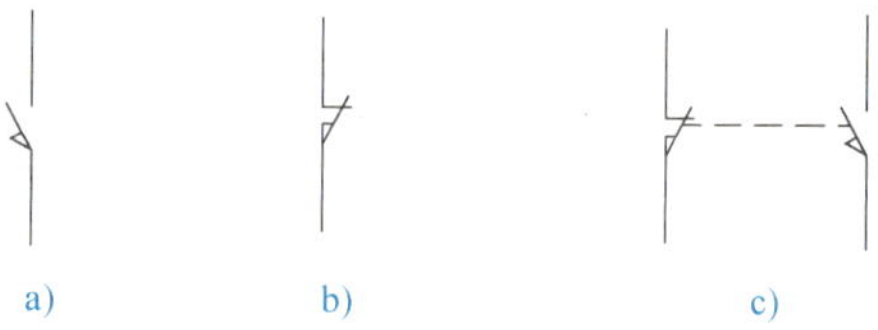

开启式负荷开关又称瓷底胶盖刀开关，简称刀开关。它适用于照明、电热设备及小容量电动机控制线路中，供手动不频繁地接通和分断电路，并起短路保护作用。

a)　b)　c)

图 6-4　行程开关的图形符号

a) 动合触头　b) 动断触头　c) 复合触头

开启式负荷开关的瓷底座上装有进线座、静触头、熔体、出线座和带瓷质手柄的刀式动触头，上面盖有胶盖，以防止操作时触及带电体或分断时产生的电弧飞出伤人。其结构及图形符号如图 6-5 所示，文字符号为 QS。

刀开关的安装与使用：

① 刀开关必须垂直安装在控制屏或开关板上，且合闸状态时手柄应朝上。不允许倒装或平装，以防发生误合闸事故。

② 刀开关控制照明和电热负载使用时，要安装熔断器进行短路和过载保护。接线时，应把电源进线接在静触头一边的进线座，负载接在动触头一边的出线座。开启式负荷开关用作电动机的控制开关时，应将开关的熔体部分用铜导线直连，并在出线端另外加装熔断器进行短路保护。

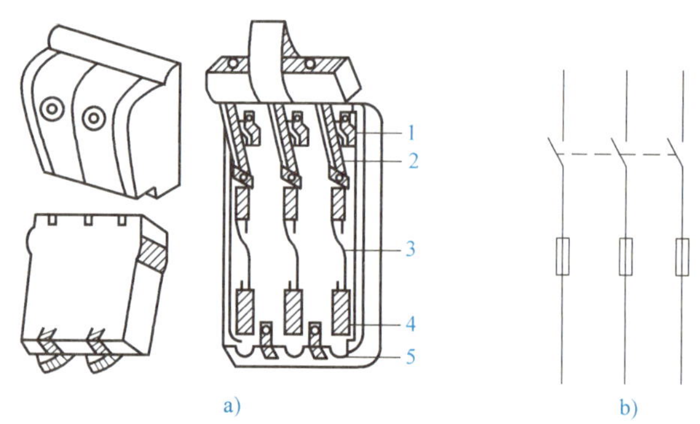

图 6-5　开启式负荷开关的结构及图形符号

a) 结构　b) 图形符号

1—刀座　2—刀片　3—熔丝　4—出线端　5—胶盖挂钩

③ 更换熔体时，必须在刀开关断开的情况下按原规格更换。

④ 在分闸和合闸操作时，应动作迅速，使电弧尽快熄灭。

(2) 低压断路器

低压断路器简称断路器，是低压配电网络和电力拖动系统中常用的一种配电电器，它集控制和多种保护于一体，在正常情况下可用于不频繁地接通和断开电路以及控制电动机的运

行。当电路中发生短路、过载和失电压等故障时，能自动切断故障电路，保护线路和电气设备。

在电力拖动控制系统中，常用的低压断路器是DZ系列塑壳式断路器，如DZ5系列和DZ10系列。其中，DZ5为小电流系列，额定电流为10～50A。DZ10为大电流系列，额定电流有100A、250A、600A三种。下面以DZ5-20型低压断路器为例介绍低压断路器的结构及工作原理。

DZ5-20型低压断路器的外形和结构如图6-6a、b所示。断路器主要由动触头、静触头、灭弧装置、操作机构、热脱扣器、电磁脱扣器及外壳等部分组成。其结构采用立体布置，操作机构在中间，上面是由加热元件和双金属片等构成的热脱扣器，作过载保护，配有电流调节装置，调节整定电流。下面是由线圈和铁心等组成的电磁脱扣器，作短路保护，它也是一个电流调节装置，调节瞬时脱扣整定电流。主触头在操作机构后面，由动触头和静触头组成，配有栅片灭弧装置，用以接通和分断主回路的大电流。另外，还有动合和动断辅助触头各一对。主、辅触头的接线柱均伸出壳外，以便于接线。在外壳顶部还伸出接通（绿色）和分断（红色）按钮，通过储能弹簧和杠杆实现断路器的手动接通和分断操作。使用时，断路器的三副主触头串联在被控制的三相电路中，按下接通按钮时，外力使锁扣克服反作用弹簧的反力，将固定在锁扣上面的动触头与静触头闭合，并由锁扣锁住搭钩使动静触头保持闭合，开关处于接通状态。

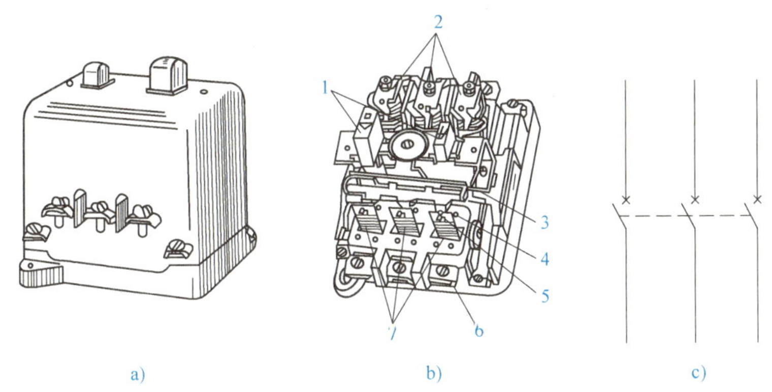

图6-6　低压断路器的外形、结构和图形符号

a）外形　b）结构　c）图形符号

1—按钮　2—电磁脱扣器　3—自由脱扣器　4—动触头　5—静触头　6—接线柱　7—热脱扣器

低压断路器图形符号如图6-6c所示，文字符号为QF。

3. 交流接触器

接触器是一种通用性很强的自动式开关电器，是电力拖动和自动控制系统中一种重要的低压电器。它可以频繁地接通和断开交、直流主电路和大容量控制电路，具有欠电压释放保护和零电压保护。接触器虽然有较强的接通和分断负荷电流能力，但本身不具备短路保护和过载保护能力，因此，在电动机控制线路中，必须与熔断器、热继电器配合使用。

接触器按主触头通过的电流种类，分为交流接触器和直流接触器。交、直流接触器的工作原理基本相同。

交流接触器有CJ0、CJ10、CJ12、CJ20、CJX1（3TB/3TF）、CJX2（LCD-1）、CJT1等系

列产品，其结构和工作原理基本相同。交流接触器主要由电磁系统、触头系统和灭弧装置构成，如图 6-7 所示。

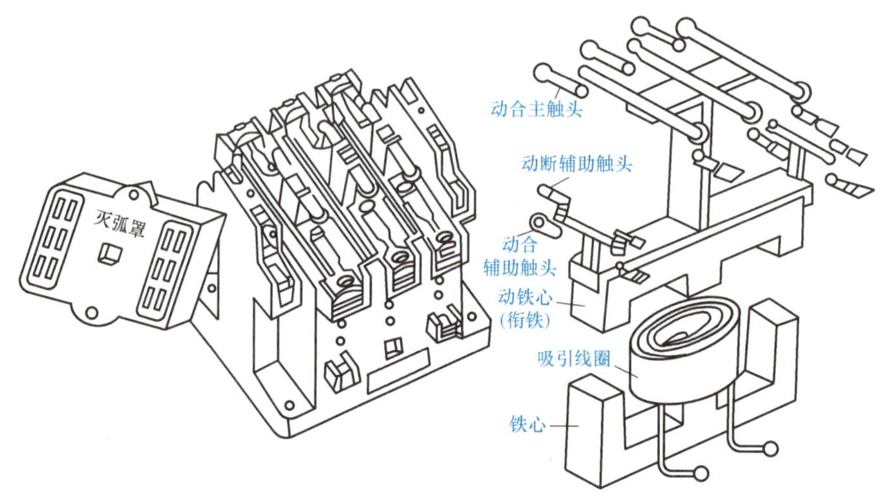

图 6-7　交流接触器的外形结构

电磁系统是由线圈、静铁心、动铁心（又称衔铁）等组成。线圈通电时产生磁场，动铁心被吸向静铁心，带动触头控制电路的接触与分断。动铁心被吸合时会产生衔铁振动，为了消除这一弊端，在铁心端面上嵌入一只铜环，一般称为短路环。接触器有三对主触头和四对辅助触头，三对主触头用于接通和分断主电路，允许通过较大的电流；辅助触头用于控制电路，只允许小电流通过。触头有动合和动断之分，当线圈通电时，所有的动断触头首先分断，然后所有的动合触头闭合；当线圈断电时，在反向弹簧力作用下，所有触头都恢复平常状态。接触器的主触头均为动合触头，辅助触头有动合、动断之分，并按上述联动。

交流接触器的图形符号如图 6-8 所示，文字符号为 KM。

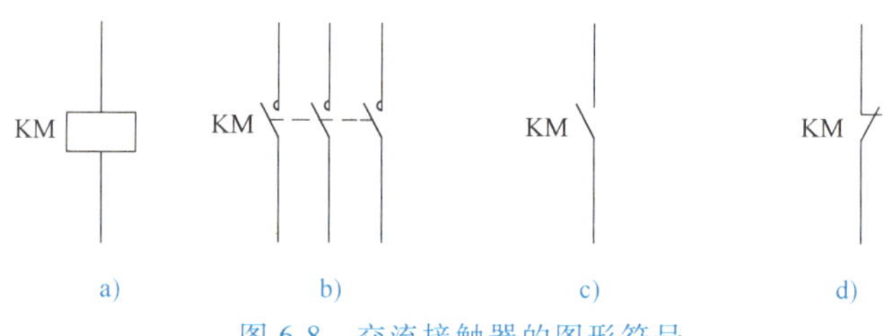

图 6-8　交流接触器的图形符号

a）线圈　b）主触头　c）动合触头　d）动断触头

在选用交流接触器时应注意两点：第一，主触头的额定电流应等于或大于电动机的额定电流；第二，所用接触器线圈额定电压必须与线圈所接入的控制回路电压相符。

交流接触器的一般应安装在垂直面上，倾斜度不得超过 5°；若有散热孔，则应将有孔的一面放在垂直方向上，以便散热，并按规定留有适当的飞弧空间，以免飞弧烧坏相邻电器。

4. 继电器

继电器是一种根据输入信号（电量或非电量）的变化，接通和断开小电流电路，实现

自动控制和保护的电力拖动装置的电器。一般情况下不直接控制电流较大的主电路，而是通过接触器或其他电器对主电路进行控制。同接触器相比，继电器具有触头分断能力小、结构简单、体积小、重量轻、反应灵敏、动作准确、工作可靠等特点。

（1）热继电器

热继电器与交流接触器配合使用，主要用于电动机的过载保护和断相保护。它是一种利用电流热效应原理工作的自动保护电器，具有延时动作时间随通过电路电流的增加而缩短的反时限动作特性。其外形及图形符号如图6-9所示，文字符号为FR。

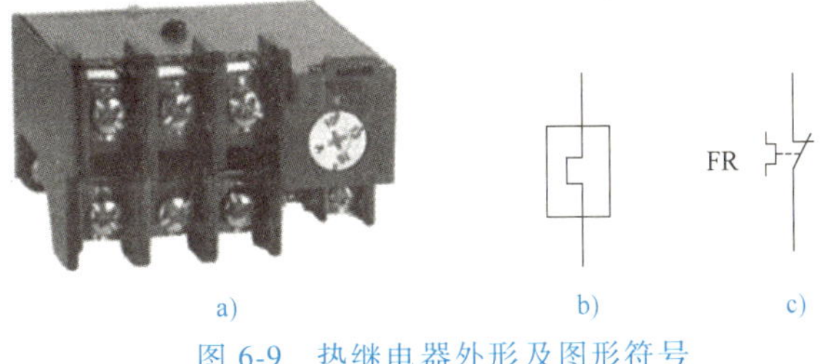

图6-9　热继电器外形及图形符号

a）外形　b）热元件　c）动断触头

热继电器主要由热元件、传动机构、触头系统、电流整定装置、复位机构等组成。热元件包括双金属片和绕在外面的电阻丝。当电动机过载时，流过电阻丝的电流超过热继电器的整定电流，使有不同膨胀系数的双金属片发生形变，当形变达到一定距离时，就推动连杆动作，使控制电路断开，从而使接触器失电，主电路断开，实现电动机的过载保护。分断电流后，双金属片散热冷却，恢复初态，使机械机构也恢复原始状态，动断触头重新闭合，线路中的用电设备又可重新启动。除上述自动复位外，也可采用手动方法，即按一下复位按钮。

温馨提示：热继电器在出厂时均调整为手动复位方式。如果需要自动复位，只要将复位螺钉沿顺时针方向旋转3~4圈，并稍微拧紧即可。

热继电器的选择：

① 根据需要的整定电流值选择热元件的电流等级。一般情况下，热元件的整定电流应为电动机额定电流的0.95~1.05倍。

② 对于不频繁起动、连续运行的电动机，可按电动机的额定电流选择热继电器的规格。一般应使热继电器的额定电流略大于电动机的额定电流。例如，电动机的额定电流为8.4A，则可选用数值相近的10A等级的热继电器，使用时将整定电流调整到约8.4A。

③ 根据电动机定子绕组的连接方式选择热继电器的结构形式，即定子绕组作星形联结的电动机选用普通三相结构的热继电器，而作三角形联结的电动机应选用三相结构带断相保护装置的热继电器。

（2）时间继电器

时间继电器是一种利用电磁原理或机械原理实现延时控制的控制电器。其延时方式有通电延时和断电延时两种。时间继电器的种类很多，有空气阻尼型、电动型、电子型和其他型等，其外形及结构如图6-10所示。

图6-10　时间继电器的外形及结构

早期在交流电路中常采用空气阻尼型时间继电器，它是利用空气通过小孔节流的原理来获得延时动作的。它由电磁系统、延时机构和触头三部分组成。目前最常用的为大规模集成电路形成的时间继电器，它是利用阻容原理来实现延时动作的。在交流电路中往往采用变压器来降压，集成电路作为核心器件，其输出采用小型电磁继电器，使得产品的性能及可靠性比早期的空气阻尼型时间继电器要好得多，产品的定时精度及可控性也提高很多。

时间继电器的图形符号如图 6-11 所示，文字符号为 KT。其图形符号比一般继电器复杂。触头有六种情况，尤其对延时断开动合触头、延时闭合动断触头，要仔细领会。

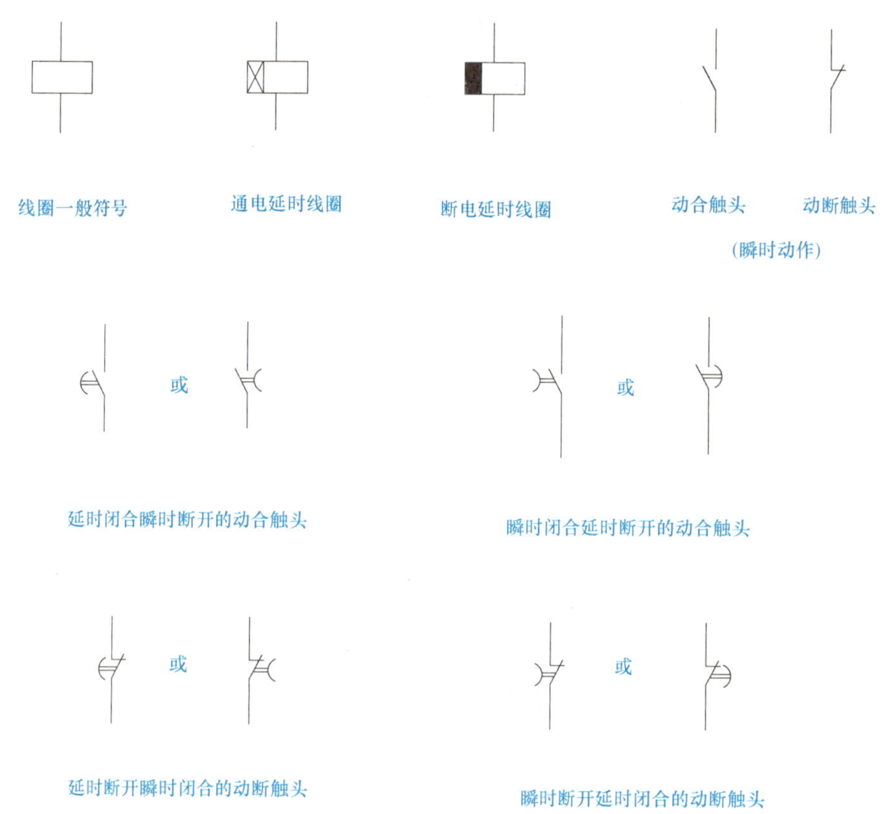

图 6-11　时间继电器的图形符号

时间继电器的安装与使用：

① 时间继电器应按说明书规定的方向安装。无论是通电延时型，还是断电延时型，都必须使继电器在断电后释放时，衔铁的运动方向垂直向下，其倾斜度不得超过 5°。

② 时间继电器的整定值，应预先在不通电时整定好，并在试车时校正。

③ 通电延时型和断电延时型可在整定时间内自行调换。

5. 熔断器

熔断器是配电电路及电动机控制电路中用作过载或短路保护的电器。熔断器串联在被保护的线路中，当线路或用电设备发生短路或过载时，能在线路或设备尚未损坏之前及时熔断，使设备与电路断开，起到保护供电线路的作用。其图形符号如图 6-12 所示，文字符号为 FU。

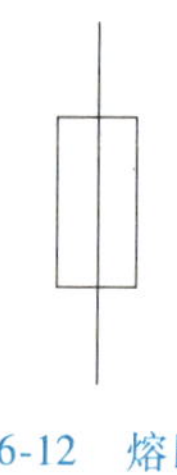

图 6-12　熔断器的图形符号

熔断器主要包括熔体和熔座两部分，最常用的有瓷插式、螺旋式、无填料封闭管式和有填料封闭管式熔断器四种，见表6-1。

表6-1　熔断器的分类

类型	外形和结构	作用
瓷插式熔断器（RC1型）	动触头、熔丝、静触头、瓷座、瓷盖	主要用于380V三相电路和220V单相电路的短路保护
螺旋式熔断器（RL1型）	瓷帽、熔断管、瓷套、上接线端、下接线端、底座	用于交流380V、电流200A以内的电路和用电设备的短路保护
无填料封闭管式熔断器（RM型）	插座、底座、钢纸管、黄铜套管、触刀、熔体	用于交流380V、电流1000A以内的低压电路及成套配电设备的短路保护
有填料封闭管式熔断器（RT型）	弹簧夹、瓷底座、管体、绝缘手柄、熔体	用于交流380V、电流1000A以内高压短路电流的电力网络或配电装置中，作为电缆、导线及电气设备（如电动机及变压器）的短路保护及电缆、导线的过载保护

熔断器的选择：

（1）类型：根据电气控制系统的电路要求、使用场合和安装条件等选择熔断器的类型。

（2）额定电压：熔断器的额定电压必须等于或大于线路的额定电压。

（3）额定电流：熔断器的额定电流必须等于或大于所装熔体的额定电流，熔体额定电流的选择是熔断器选择的核心。对照明及电热等电流较平稳、无冲击电流的负载短路保护，熔体的额定电流应等于或稍大于负载的额定电流；对一台不经常起动且起动时间不长的电动机的短路保护，熔体的额定电流 I_{RN} 应大于或等于 1.5~2.5 倍电动机额定电流 I_N（对于频繁启动或启动时间较长的电动机，系数增加到 3~3.5）；对多台电动机的短路保护，熔体的额定电流应大于或等于其中最大容量电动机的额定电流 I_{Nmax} 的 1.5~2.5 倍与其余电动机额定电流的总和 $\sum I_N$。

技能训练　常用低压电器的拆装

一、训练工具、仪表及器材

训练工具、仪表及器材见表 6-2。

表 6-2　训练工具、仪表及器材

名称	数量	名称	数量
75mm 一字螺钉旋具	1 把	75mm 十字螺钉旋具	1 把
150mm 钢丝钳	1 把	150mm 尖嘴钳	1 把
镊子	1 把	200mm 活扳手	1 把
数字式万用表	1 只	绝缘胶布	1 卷
LA4-2H 按钮	1 只	LX19 行程开关	1 只
MB30 系列塑壳断路器	1 只	CJT1-20 交流接触器	1 只
JS1-7 时间继电器	1 只	RL1-60/25 熔断器(配熔体 25A)	1 只

二、训练内容

（1）按钮的拆装；

（2）行程开关的拆装；

（3）低压断路器的拆装；

（4）交流接触器的拆装；

（5）时间继电器的拆装；

（6）熔断器的拆装。

三、训练步骤

1. 按钮的拆装

（1）拆开一个按钮开关，观察其内部结构，将主要零部件的名称及作用记入表 6-3 中。

（2）将按钮开关组装还原，用万用表电阻档测量各对触头之间静（未按压）、动态（按压按钮）的接触电阻，并将测量结果记入表 6-3 中。

表 6-3　按钮开关的拆装及测量记录

型号	额定电流	主要零部件	
		名称	作用
触头数量/副			
动合(常开)	动断(常闭)		
静态触头电阻/Ω			
动合(常开)	动断(常闭)		
动态触头电阻/Ω			
动合(常开)	动断(常闭)		

2. 行程开关的拆装

（1）拆开一个行程开关，观察其内部结构，将主要零部件的名称及作用记入表 6-4 中。

（2）用万用表电阻档测量各对触头之间静（未按压按钮）、动态（按压按钮）的接触电阻，并将测量结果记入表 6-4 中。

（3）将行程开关组装还原。

表 6-4　行程开关的拆装及测量记录

型号	额定电流	主要零部件	
		名称	作用
触头数量/副			
动合(常开)	动断(常闭)		
静态触头电阻/Ω			
动合(常开)	动断(常闭)		
动态触头电阻/Ω			
动合(常开)	动断(常闭)		

3. 低压断路器的拆装

（1）拆开一个低压断路器，观察其内部结构，将主要零部件的名称及作用记入表6-5中。

（2）将低压断路器组装还原。

表 6-5　低压断路器的拆装及测量记录

主要部件名称	作用	参数
电磁脱扣器		
热脱扣器		
触头		
按钮		
储能弹簧		

4. 交流接触器的拆装

（1）拆开一个交流接触器，观察其内部结构，将拆卸步骤、主要零部件的名称及作用记入表 6-6 中。

（2）用万用表电阻档测量线圈电阻以及各对主、辅触头之间静（未按压）、动态（按压按钮）的接触电阻，并将测量结果记入表 6-6 中。

（3）将交流接触器组装还原。

表 6-6　交流接触器的拆装及测量记录

<table>
<tr><th colspan="2">型号</th><th colspan="2">额定电流</th><th>拆卸步骤</th><th colspan="2">主要零部件</th></tr>
<tr><td colspan="2"></td><td colspan="2"></td><td rowspan="14"></td><td>名称</td><td>作用</td></tr>
<tr><td colspan="4">触头数量/副</td><td></td><td></td></tr>
<tr><td rowspan="2">主触头</td><td colspan="3">辅助触头</td><td></td><td></td></tr>
<tr><td colspan="2">动合</td><td>动断</td><td></td><td></td></tr>
<tr><td></td><td colspan="2"></td><td></td><td></td><td></td></tr>
<tr><td colspan="4">静态触头电阻/Ω</td><td></td><td></td></tr>
<tr><td rowspan="2">主触头</td><td colspan="3">辅助触头</td><td></td><td></td></tr>
<tr><td colspan="2">动合</td><td>动断</td><td></td><td></td></tr>
<tr><td></td><td colspan="2"></td><td></td><td></td><td></td></tr>
<tr><td colspan="4">动态触头电阻/Ω</td><td></td><td></td></tr>
<tr><td rowspan="2">主触头</td><td colspan="3">辅助触头</td><td></td><td></td></tr>
<tr><td colspan="2">动合</td><td>动断</td><td></td><td></td></tr>
<tr><td></td><td colspan="3"></td><td></td><td></td></tr>
<tr><td colspan="4">电磁线圈电阻/Ω</td><td></td><td></td></tr>
</table>

5. 时间继电器的拆装

（1）拆开一个空气阻尼式时间继电器，观察其内部结构，将主要零部件的名称及作用

记入表 6-7 中。

（2）用万用表电阻档测量线圈电阻以及将各类触头的数量、种类等数据结果记入表6-7中。

（3）将时间继电器组装还原。

（4）将通电延时型时间继电器改装为断电延时型时间继电器。

表 6-7　空气阻尼式时间继电器的拆装及测量记录

型号	额定电流	主要零部件	
		名称	作用
瞬时动作触头数量/副			
动合（常开）	动断（常闭）		
延时动作触头数量/副			
动合（常开）	动断（常闭）		
动态触头电阻/Ω			
动合（常开）	动断（常闭）		

6. 熔断器的拆装

（1）拆开一个 RL1 螺旋式熔断器，观察其内部结构，将拆卸步骤、主要零部件的名称及作用记入表 6-8 中。

（2）用万用表电阻档测量熔断管的电阻值，并将测量结果记入表 6-8 中。

（3）将熔断器组装还原。

表 6-8　熔断器的拆卸与测量记录

型号	容量/A	拆卸步骤	主要零部件	
			名称	作用
类型				
熔断管的电阻值				

四、任务评价

常用低压电器拆装评价见表 6-9。

表 6-9　常用低压电器拆装评价

班级			学号		姓名		
序号	评价内容	配分	评分标准	评价结果/分			综合得分
				自评	小组评	教师评	
1	按钮的拆装	10	(1)拆卸步骤不正确,每处扣5分; (2)装配方法不正确,每处扣5分; (3)装配后功能不正确,扣5分				
2	行程开关的拆装	10	(1)拆装步骤不正确,每处扣5分; (2)装配方法不正确,每处扣5分; (3)一次装配后功能不合要求,需重装扣5分				
3	自动空气开关的拆装	15	(1)拆装步骤不正确,每处扣5分; (2)装配方法不正确,每处扣5分; (3)一次装配后功能不合要求,需重装扣10分				
4	交流接触器的拆装	15	(1)拆卸步骤不正确,每处扣5分; (2)装配方法不正确,每处扣5分; (3)一次装配后功能不合要求,需重装扣10分				
5	时间继电器的拆装	20	(1)拆卸步骤不正确,每处扣5分; (2)装配方法不正确,每处扣5分; (3)一次装配后功能不合要求,需重装扣10分				
6	熔断器的拆装	10	(1)拆卸步骤不正确,每处扣5分; (2)装配方法不正确,每处扣5分; (3)一次装配后功能不合要求,需重装扣5分				
7	同组协作	20	互相帮助、共同学习				
8	安全文明生产	只扣分,不加分	(1)发生安全事故,扣10分; (2)材料摆放零乱,扣5分; (3)实训结束后,工具不归位,扣5分				
合计							

学生在任务完成过程中遇到的问题记录:

温馨提示：安全文明生产实施倒扣分，即只扣分，不加分；其他项目扣分，错一项扣一项分，但不超过其配分。

任务2　三相异步电动机点动控制线路的安装与调试

知识储备

1. 点动控制线路

点动控制线路要求一点一动，即按一次按钮动一下，连续按则连续动，不按则不动，这种动作常称为“点动”或“点车”。这种控制方法常用于机具及设备的对位、对刀、定位，电动葫芦的起重电动机控制和车床拖板箱快速移动电动机控制等。

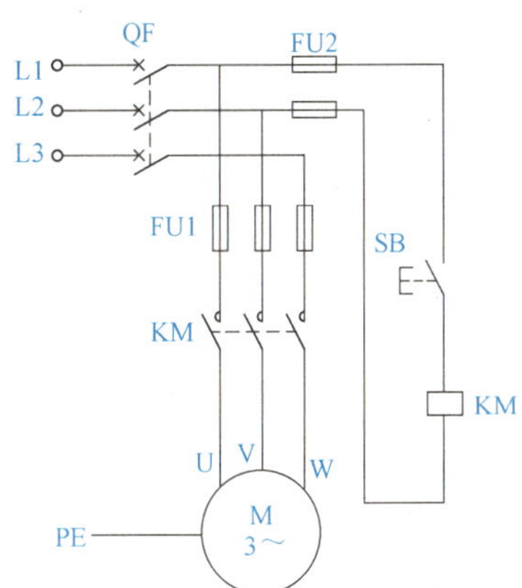

图 6-13　点动控制线路电气原理

(1) 电气原理图。点动控制线路电气原理如图 6-13 所示。

(2) 电路中的元件及其作用。

① 低压断路器（QF）：隔离电源，便于检修。

② 熔断器（FU）：进行电路短路保护。

③ 交流接触器（KM）：主触头控制电动机的起动与停止。

④ 按钮（SB）：控制接触器 KM 的线圈得电与失电。

⑤ 电动机（M）：拖动设备运行。

(3) 工作原理。合上 QF，起动：按下 SB →KM 线圈得电→KM 主触头闭合→电动机 M 通电起动

停止：松开 SB →KM 线圈失电→KM 主触头断开→电动机 M 断电停转

2. 绘制、识读电气控制线路图的原则

生产机械电气控制线路常用电气原理图、布置图和接线图来表示。

(1) 电气原理图。电气原理图是指用国家统一规定的电气图形符号和文字符号表示电路中各个电气元件的连接关系和电气工作原理的一种简图。电气原理图可分为电源电路、主

电路和辅助电路三部分，辅助电路包括控制电路、指示电路和照明电路。辅助电路通过的电流都比较小，一般不超过5A。

电气原理图的绘制规则：

① 电源电路画成水平线，受电的动力装置（电动机等）及其保护电器支路（俗称主电路），垂直于电源电路画出；辅助电路要跨接在两相电源线之间，一般按照控制电路、指示电路和照明电路的顺序依次垂直画在主电路图的右侧。

② 三相交流电源电路集中地放在图的上方，若为单相交流或直流，电源电路一条线在上（交流相线或直流正端），一条在下（中性线或直流负端）放置。

③ 在辅助电路中，耗能元件（包括线圈、电磁铁、信号灯等）必须接在电路接地的一边，而触头则接在线圈等耗能元件和电路另一边。若电路一边不接地，则线圈等耗能元件应接在电路的下边。

④ 图中各电器触头的位置都处在未通电状态，操作开关则是工作机械开动前的状态。

⑤ 同一电器的几个部件，如线圈、触头等，分散地画在不同的电路中，但它们却是互相关联的，必须标以相同的文字符号。如接触器的线圈、辅助触头接在控制电路中，主触头接在动力电路中；若线圈得电，主触头、辅助触头随之动作；因此，均须标以相同的字母KM。若图中相同的电器较多，如既有起动按钮，又有停止按钮，则需在字母后面加数字以示区别，如SB1、SB2。

⑥ 在电气原理图中，对有直接电联系的交叉导线连线点，要用小黑圆点表示，无直接电联系的交叉导线连接点，则不画小黑圆点。

识读电气控制线路原理图的方法一般可归纳为：从机到电，先主后辅，化整为零，顺序阅读，连成系统，统观全图。其方法如下：

① 看标题栏，了解电路图的名称及标题栏中的有关内容，对电路图有一个初步的认识。

② 看主电路，了解主电路中采用的控制电器和设备、主电路结构及其如何满足拖动控制要求。再根据工艺过程了解各用电设备之间的联系。

③ 看控制电路，根据主电路中控制元件主触头的文字符号，找到控制电路中有关的控制支路，把整个控制电路分解成与主电路相对应的几个基本环节，逐一分析。在分析中，特别要注意各环节之间的相互联系和制约关系，如自锁、联锁、保护环节等，以及与机械、液压部件的动作关系。逐步分析结束后，还应把各环节串起来，从整个控制电路来理解。

④ 最后看信号、照明等辅助电路。

弄清了电气控制线路原理图的布局、结构及大致工作情况后，即可结合前面我们所学的专业知识来分析电路的工作原理。

（2）电气布置图。电气布置图是根据电气元件在控制板上的实际安装位置，采用简化的外形符号（如矩形、圆形等）绘制的一种简图。它不表达各电气元件的具体结构、作用、接线情况以及工作原理，主要用于电气元件的布置和安装。图中各电气元件的文字符号必须与电路图和接线图的标注相一致。

（3）电气接线图。电气接线图是根据电气设备和电气元件的实际位置和安装情况绘制的，只用来表示电气设备和电气元件的位置、配线方式和接线方式，而不明显表示电气动作原理。主要用于安装接线、线路的检查维修和故障处理。

3. 板前明线布线工艺要求

(1) 各电气元件的安装位置应整齐、匀称，间距合理，便于元件的更换，紧固各元件时要用力均匀，紧固程度适当。

(2) 布线通道尽可能少，同路并行导线按主、控电路分类集中，单层密排，紧贴安装面布线。

(3) 同一平面的导线应高低一致或前后一致，导线不能互压交叉；非交叉不可时，该根导线应在接线端子引出时就水平架空跨越，但空中线不能太长。

(4) 布线应横平竖直、分布均匀；变换走向时应垂直，但不能把导线做成“死直角”(应该有个弧，其弧长为线芯直径的3~4倍)，严禁损伤线芯和导线绝缘。

(5) 布线顺序一般以接触器为中心，按由里向外、由低到高、先控制电路、后主电路进行，以不妨碍后续布线为原则。

(6) 导线与接线端子或接线柱连接时，不得压绝缘层、不反圈，露出线芯不能超过2mm。

(7) 在每根剥去绝缘层导线的两端套上编码套管（如果线路简单，可不套编码管），编码与原理图接点编号一致。所有从一个接线端子（或接线柱）到另一个接线端子（或接线柱）的导线必须连续，中间无接头。

(8) 同一元件、同一回路的不同接点的导线间距离应保持一致。

(9) 一个电气元件接线端子上的连接导线不得多于两根，每节接线端子板上的连接导线一般只允许连接一根。

技能训练　三相异步电动机点动控制线路的安装与调试

一、训练工具、仪表及器材

训练工具、仪表及器材见表6-10。

表6-10　训练工具、仪表及器材

名称	数量	名称	数量
75mm一字螺钉旋具	1把	75mm十字螺钉旋具	1把
150mm尖嘴钳	1把	150mm剥线钳	1把
电工刀	1把	低压验电器	1支
数字万用表	1只	M5mm×30mm木螺钉	若干
AC 380V插孔的电源箱	1只	45cm×100cm木工板	1块
黄、绿、红2.5mm^2单股铜芯线	各2m	LA4-1H按钮	1只
黑色1.5mm^2多股铜芯软线	2m	Y132M-4(0.75kW)三相笼型异步电动机	1台
DZ47-63/3p-32A低压断路器	1只	TD-AZ1端子排	2只
RL1-60/25熔断器(配熔体25A)	3只	RL1-15/2熔断器(配熔体2A)	2只
CJT1-20交流接触器	1只	绝缘胶布	1卷

二、训练内容

三相异步电动机点动控制线路的安装与调试。三相异步电动机点动控制线路布置如图6-14所示。三相异步电动机点动控制线路接线如图6-15所示。

温馨提示：

（1）电气接线图中各个电气元件的图形符号和文字符号必须与原理图完全一致，并且符合国家标准。同一电气元件的各部件都要画在一起，并用虚线框表示。

（2）导线编号表示。接线图上的编号与电气原理图一致。

（3）各电气元件上凡需要接线的部件和接线柱都要画出，并要标注与原理图一样的编号。

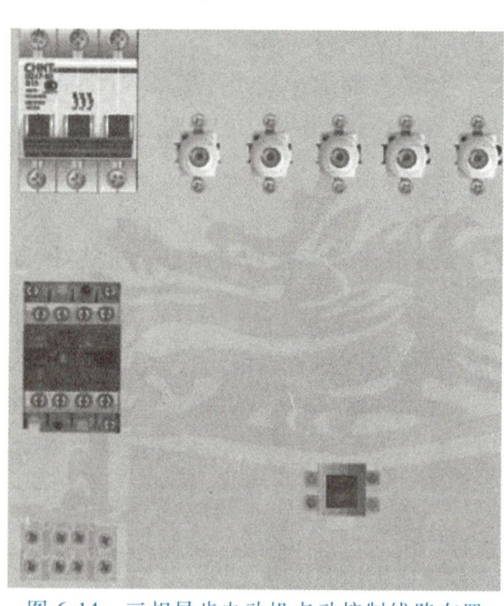

图6-14　三相异步电动机点动控制线路布置

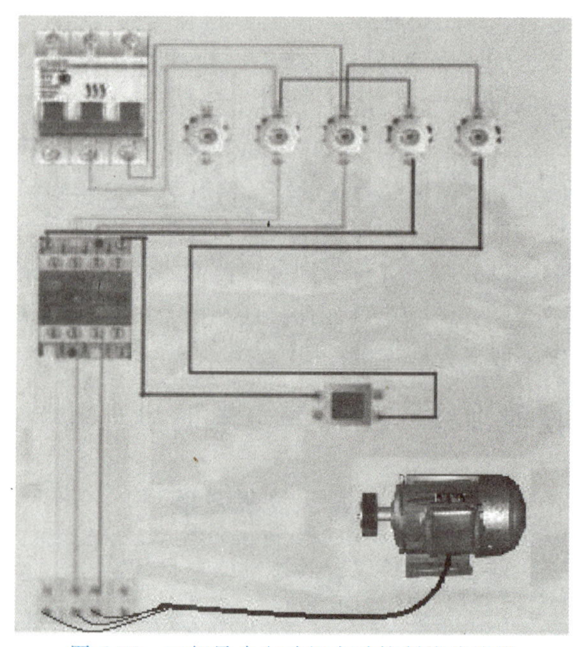

图6-15　三相异步电动机点动控制线路接线

（4）安装板内外的电气元件之间的连线，必须通过端子排进行连接。

（5）接线图的导线可用连续线或中断线来表示，也可用束线来表示。

三、训练步骤

（1）按元件明细表配齐电气元件，并进行质量检验。

（2）按原理图上接触器、继电器等的编号顺序，安装在控制箱（板）上，并在醒目处贴上编号。

（3）在电气控制线路原理图上编号。

① 主电路：三相电源相序依次编号为L1、L2、L3；控制开关的出线桩头按三相电源相序依次编号为1L1、1L2、1L3；电动机的三根引出线按相序依次编号为U、V、W。

② 控制电路与照明电路、指示电路：从左至右（或从上至下）逐行用数字依次编号，每经过一个电气元件的接线桩编号要依次递增。

(4) 根据电动机容量选配主电路的连接导线。

(5) 控制电路的连接导线通常采用 BVR 1.5mm^2 绝缘导线。

(6) 按原理图上的编号在各电气元件的醒目处贴上编号标志。

(7) 给剥去绝缘层的线头两端套上标有与原理图相应号码的套管。

(8) 用尖嘴钳将导线弯成羊眼圈（或绞紧），套（或塞）进接线柱的压紧螺栓上（或孔内），拧紧螺栓，控制箱（板）内的连接导线要求沿底面敷设，转角处要弯成直角。

(9) 按线路图检查接线是否正确，安装是否牢固。

(10) 自检。

① 检测主电路。将数字万用表的量程开关调至 2kΩ 电阻档，一支表笔接在 FU1 输入端，另一支表笔接在三相异步电动机星形联结中性点之间，分别测量三相异步电动机的 U 相、V 相、W 相在接触器 KM 不动作时的直流电阻，读数应为“∞”；用螺钉旋具将接触器 KM 的主触头按下，再次测量三相异步电动机的直流电阻，读数应为每相定子绕组的直流电阻值。根据所测数据判断主电路是否正常。

② 检测控制电路。将数字万用表的量程开关调至 2kΩ 电阻档，两表笔分别搭在 FU2 两输入端，读数应为“∞”；按下按钮 SB 时，读数应为接触器 KM 线圈的直流电阻值；此时再松开按钮 SB，读数仍为“∞”。根据所测数据判断控制电路是否正常。

(11) 通电试车（必须征得教师同意，并由教师接通三相电源，同时在现场监护）。

① 合上电源开关 QF，用低压验电器检查熔断器出线端，氖气管亮说明电源接通。

② 按下 SB，电动机得电运转，观察电动机运行是否正常，若有异常现象，应马上停车。

③ 松开 SB，电动机停止运行。

(12) 切断电源。

切断电源时，应先拆除三相电源线，再拆除电动机接线。

温馨提示：

(1) 先接主电路，后接辅助电路。所有编号标志应在醒目处。

(2) 正确选择导线线径、颜色，主电路导线截面积大，辅助电路导线截面积小。

(3) 布线时要求导线横平竖直，同一平面的导线应高低一致或前后一致，不能交叉。非交叉不可时，此根导线应在接线端子引出时，就水平架空跨越，但必须走线合理。

(4) 布线时不得损伤线芯和导线绝缘。所有从一个接线端子到另一个接线端子的导线必须连续，中间无接头。导线与接线端子或接线桩连接时，不得压绝缘层、不反圈、露铜不能过长。

(5) 控制板上所有走线应平整，转角处要弯成直角，要拧紧接线桩上的压紧螺钉。接入螺钉端子的导线要先套好线号管，将芯线按顺时针方向弯成圆环。

(6) 螺旋式熔断器的下接线端向上，上接线端向下（低进高出）。

(7) 一个电气元件接线端子上的连接导线不得多于两根，每节接线端子板上的连接导线一般只允许连接一根。

四、任务评价

三相异步电动机点动控制线路的安装与调试评价见表 6-11。

表 6-11　三相异步电动机点动控制线路的安装与调试评价

<table>
<tr><td>班级</td><td colspan="2"></td><td>学号</td><td colspan="2"></td><td>姓名</td><td></td></tr>
<tr><td rowspan="2">序号</td><td rowspan="2">评价内容</td><td rowspan="2">配分</td><td rowspan="2">评分标准</td><td colspan="3">评价结果/分</td><td rowspan="2">综合得分</td></tr>
<tr><td>自评</td><td>小组评</td><td>教师评</td></tr>
<tr><td>1</td><td>装前检查</td><td>5</td><td>电气元件漏检或错检，每处扣 2 分</td><td></td><td></td><td></td><td></td></tr>
<tr><td>2</td><td>元件安装</td><td>10</td><td>（1）不按电气布置图安装，扣 5 分；
（2）元件安装错误、不牢固、布置不整齐、不匀称、不合理，每处扣 5 分；
（3）损坏元件，扣 10 分</td><td></td><td></td><td></td><td></td></tr>
<tr><td>3</td><td>布线</td><td>35</td><td>（1）不按电路图接线，扣 20 分；
（2）接点松动、反圈、导线露铜过长、压绝缘层、漏接导线或接线错误，每处扣 5 分；
（3）布线不平整、不紧贴安装面、过道多、不集中、有斜线、有交叉、架空线过长，主电路、控制电路不分类集中，每处扣 5 分；
（4）损伤导线绝缘或线芯，每处扣 5 分</td><td></td><td></td><td></td><td></td></tr>
<tr><td>4</td><td>通电试车</td><td>30</td><td>（1）热继电器电流整定值未整定，扣 10 分；
（2）主电路、控制电路配错熔体，每个扣 10 分；
（3）试车操作顺序错误，每次扣 10 分；
（4）第一次试运行不成功扣 20 分，第二次试运行不成功扣 30 分</td><td></td><td></td><td></td><td></td></tr>
<tr><td>5</td><td>同组协作</td><td>20</td><td>互相帮助、共同学习</td><td></td><td></td><td></td><td></td></tr>
<tr><td>6</td><td>安全文明生产</td><td>只扣分，不加分</td><td>（1）发生安全事故，扣 10 分；
（2）材料摆放零乱，扣 5 分；
（3）实训结束后，工具不归位，扣 5 分</td><td></td><td></td><td></td><td></td></tr>
<tr><td colspan="4">合计</td><td></td><td></td><td></td><td></td></tr>
<tr><td colspan="8">学生在任务完成过程中遇到的问题记录：</td></tr>
</table>

温馨提示：安全文明生产实施倒扣分，即只扣分，不加分；其他项目扣分，错一项扣一项分，但不超过其配分。

任务3　三相异步电动机自锁控制线路的安装与调试

知识储备

1. 自锁控制线路

自锁控制又称为自保，就是通过起动按钮（点动）起动后让接触器线圈持续有电，以保持接点的通路状态。在接触器线圈得电后，利用自身的动合辅助触头保持回路的接通状态，一般对象是对自身回路的控制。如把动合辅助触头与起动按钮并联，这样，当起动按钮按下，接触器动作，辅助触头闭合，进行状态保持，此时再松开起动按钮，接触器也不会失电断开。这种控制方法常用于车床、磨床、铣床等的主轴运动，以及谷子脱壳机电动机控制和榨油机电动机控制等。

(1) 电气原理图。自锁控制线路电气原理图如图6-16所示。

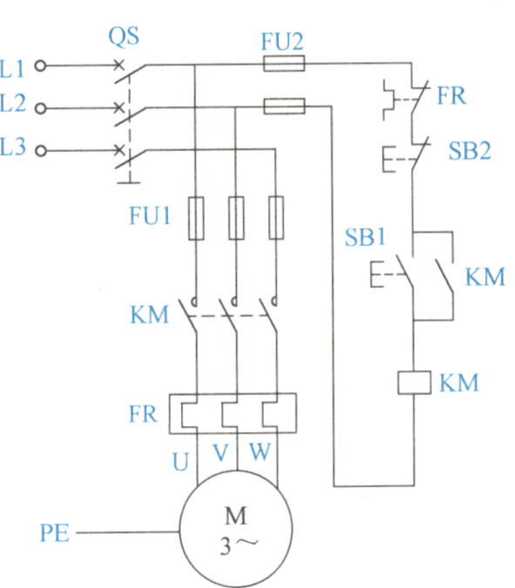

图 6-16　自锁控制线路电气原理

(2) 电路中的元件及其作用。

① 电源开关（低压断路器或刀开关 QS）：隔离电源，便于检修。

② 熔断器（FU）：电路短路保护。

③ 交流接触器（KM）：主触头控制电动机的起动与停止，辅助动合触头在电路中起到失电压和欠电压保护的作用。

④ 热继电器（FR）：电路过载保护。

⑤ 按钮（SB）：控制接触器 KM 的线圈得电与失电，图 6-16 中 SB1 为起动按钮，SB2 为停止按钮。

⑥ 电动机（M）：拖动设备运行。

(3) 工作原理。合上 QS，则

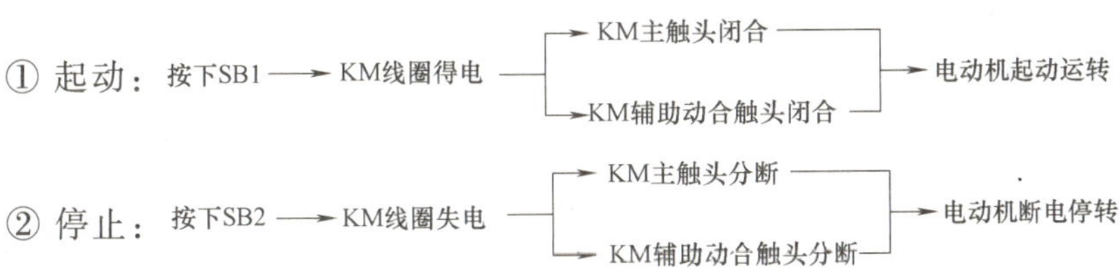

由图 6-16 可知：电路起动后，当松开 SB1 时，因为交流接触器 KM 的辅助动合触头闭合时已将 SB1 短接，控制电路仍保持接通，所以交流接触器 KM 的线圈继续得电，电动机实现连续运转。当松开起动按钮后，交流接触器通过自身动合触头而使线圈保持得电的作用称为自锁。与起动按钮并联起自锁作用的动合触头称为自锁触头。

2. 三相异步电动机控制电路的基本保护

(1) 短路保护。短路是电动机控制电路中危害最严重的一种故障现象，常见的短路包括两相电源短路、单相接地短路等，常用熔断器作为短路保护电器。

（2）过载保护。电动机在运行过程中，如果长期负载过大、频繁起动、断相运行等，可能使电动机定子绕组的电流增大，超过其额定值。在这种情况下，熔断器往往并不熔断，从而引起电动机定子绕组过热。若温度超过允许温升，就会造成电动机绝缘结构损坏，缩短电动机的使用寿命，严重时甚至会烧毁电动机的定子绕组。因此，对电动机必须采取过载保护措施，最常用的过载保护电器是热继电器。

（3）欠电压保护。欠电压保护就是当控制电路的电压低于接触器线圈额定电压的85%时，保护装置能使电动机自动脱离电源停转，避免电动机欠电压运行的一种保护。

（4）失电压（或零电压）保护。失电压保护是指电动机在正常运行时，由于外界某种原因引起电路突然断电的情况下，能自动切断电动机电源；当电路重新供电后，保证电动机不能自行起动的一种保护。

技能训练　三相异步电动机自锁控制线路的安装与调试

一、训练工具、仪表及器材

训练工具、仪表及器材见表6-12。

表6-12　训练工具、仪表及器材

名称	数量	名称	数量
75mm 一字螺钉旋具	1把	75mm 十字螺钉旋具	1把
150mm 尖嘴钳	1把	150mm 剥线钳	1把
电工刀	1把	测电笔	1支
数字万用表	1只	45cm×100cm 木工板	1块
AC 380V 插孔电源箱	1只	LA4-2H 按钮	1只
黄、绿、红 2.5mm^2 的单股铜芯线	各2m	Y132M-4(0.75kW)三相笼型异步电动机	1台
黑色 1.5mm^2 多股铜芯软线	5m	TD-AZ1 端子排	2只
DZ47-63/3p-32A 低压熔断器	1只	RL1-15/2 熔断器(配熔体 2A)	2只
RL1-60/25 熔断器(配熔体 25A)	3只	JR36-20 热继电器	1只
CJT1-20 交流接触器	1只	绝缘胶布	1卷
M 5mm×30mm 木螺钉	若干		

二、训练内容

三相异步电动机自锁控制线路的安装与调试。三相异步电动机自锁控制线路布置如图6-17所示。三相异步电动机自锁控制线路接线如图6-18所示。

三、训练步骤

（1）按元件明细表配齐电气元件，并进行质量检验。

（2）按原理图上接触器、继电器等的编号顺序，安装在控制箱（板）上，并在醒目处贴上编号。

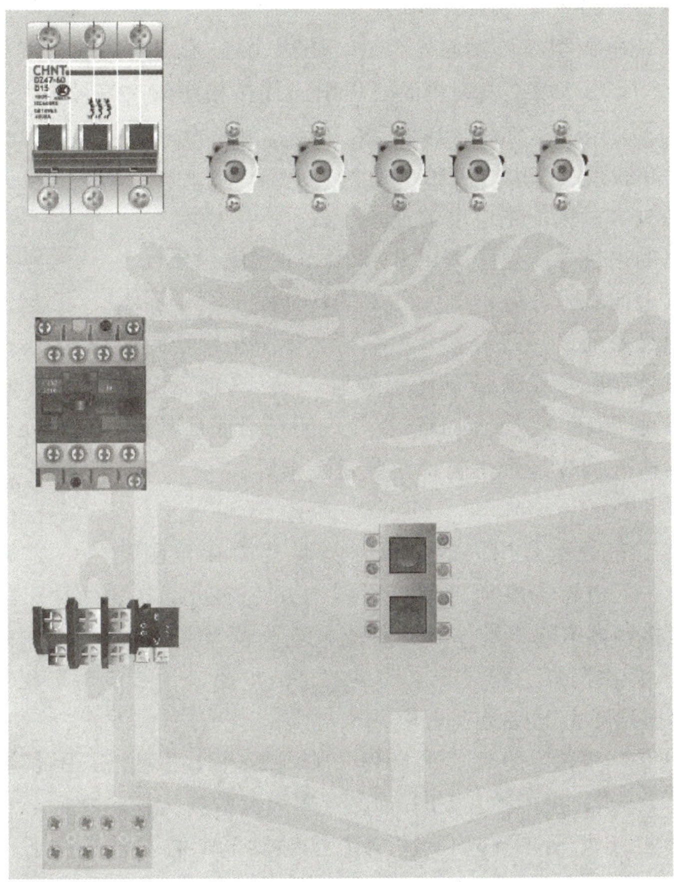

图 6-17　三相异步电动机自锁控制线路布置

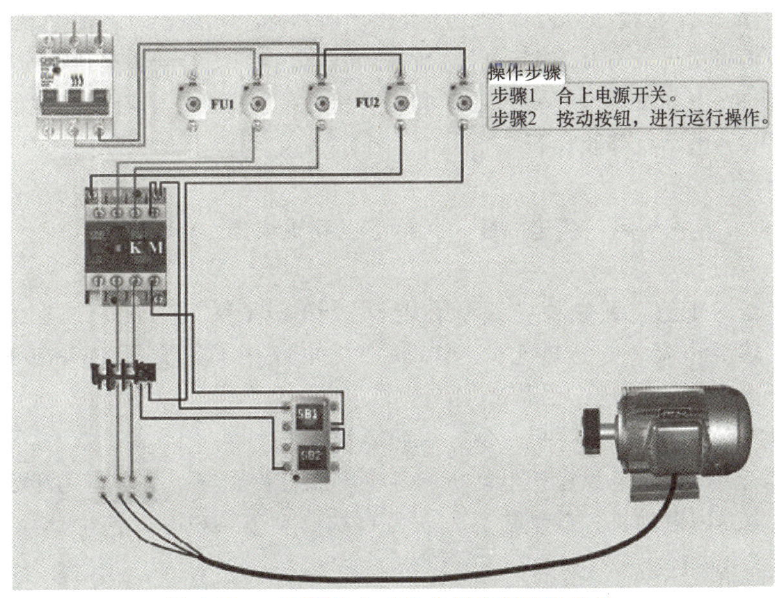

图 6-18　三相异步电动机自锁控制线路接线

（3）在电气控制线路原理图上编号。

① 主电路：三相电源相序依次编号为 L1、L2、L3；控制开关的出线桩头按三相电源相序依次编号为 1L1、1L2、1L3；电动机的三根引出线按相序依次编号为 U、V、W。

② 控制电路与照明电路、指示电路：从左至右（或从上至下）逐行用数字依次编号，每经过一个电气元件的接线桩编号要依次递增。

（4）根据电动机容量选配主电路的连接导线。

（5）控制电路的连接导线通常采用 BVR 1.5mm^2 绝缘导线。

（6）按原理图上的编号在各电气元件的醒目处贴上编号标志。

（7）给剥去绝缘层的线头两端套上标有与原理图相应号码的套管。

（8）用尖嘴钳将导线弯成羊眼圈（或绞紧），套（或塞）进接线柱的压紧螺栓上（或孔内），拧紧螺栓，控制箱（板）内的连接导线要求沿底面敷设，转角处要弯成直角。

（9）按线路图检查接线是否正确，安装是否牢固。

（10）自检。

① 检测主电路。将数字万用表的量程开关调至 2kΩ 电阻档，一支表笔接在 FU1 输入端，另一支表笔接在三相异步电动机星形联结中性点之间，分别测量三相异步电动机的 U 相、V 相、W 相在接触器 KM 不动作时的直流电阻，读数应为“∞”；用螺钉旋具将接触器 KM 的主触头按下，再次测量三相异步电动机的直流电阻，读数应为每相定子绕组的直流电阻值。根据所测数据判断主电路是否正常。

② 检测控制电路。将数字万用表的量程开关调至 2kΩ 电阻档，两表笔分别搭在 FU2 两输入端，读数应为“∞”；按下按钮 SB1 时，万用表读数应为交流接触器 KM 线圈的直流电阻值；然后松开按钮 SB1，用螺钉旋具将交流接触器 KM 的主触头按下，读数仍为接触器 KM 线圈的直流电阻值；最后松开交流接触器 KM 的主触头，并同时按下按钮 SB1 和 SB2，读数仍为“∞”。根据所测数据，判断控制电路是否正常。

（11）通电试车（必须征得教师同意，并由教师接通三相电源，同时在现场监护）。

① 合上电源开关 QS，用低压验电器检查熔断器出线端，氖气管亮说明电源接通。

② 按下 SB1，电动机得电运转，观察电动机运行是否正常，若有异常现象应马上停车。

③ 按下 SB2，电动机停止运行。

（12）切断电源。

切断电源时，应先拆除三相电源线，再拆除电动机线。

温馨提示：

（1）接触器 KM 的自锁触头应并联在起动按钮 SB1 两端，停止按钮 SB2 应串联在控制电路中；热继电器 FR 的热元件应串联在主电路中，其常闭触头应串联在控制电路中。

（2）按钮内接线时，用力不可过猛，以防螺钉打滑。

（3）热继电器的整定电流应按电动机的额定电流自行调整，绝对不允许弯折双金属片。

（4）热继电器因电动机过载动作后，若需再次起动电动机，必须待热元件冷却并且热继电器复位后才可进行。

（5）起动电动机时，在按下起动按钮 SB1 的同时，右手必须按在停止按钮 SB2 上，以保证万一出现故障时，可立即按下 SB2 停机，防止事故扩大。

四、任务评价

三相异步电动机自锁控制线路的安装与调试评价见表 6-13。

表 6-13　三相异步电动机自锁控制线路的安装与调试评价

班级			学号			姓名	
序号	评价内容	配分	评分标准	评价结果/分			综合得分
				自评	小组评	教师评	
1	装前检查	5	电气元件漏检或错检，每处扣 2 分				
2	元件安装	10	(1)不按电气布置图安装，扣 5 分； (2)元件安装错误、不牢固、布置不整齐、不匀称、不合理，每处扣 5 分； (3)损坏元件，扣 10 分				
3	布线	35	(1)不按电路图接线，扣 20 分； (2)接点松动、反圈、导线露铜过长、压绝缘层，漏接导线或接线错误，每处扣 5 分； (3)布线不平整、不紧贴安装面、过道多、不集中、有斜线、有交叉、架空线过长，主电路、控制电路不分类集中，每处扣 5 分； (4)损伤导线绝缘或线芯，每根扣 5 分				
4	通电试车	30	(1)热继电器电流整定值未整定，扣 10 分； (2)主电路、控制电路配错熔体，每个扣 10 分； (3)试车操作顺序错误，每次扣 10 分； (4)第一次试运行不成功扣 20 分，第二次试运行不成功扣 30 分；				
5	同组协作	20	互相帮助、共同学习				
6	安全文明生产	只扣分，不加分	(1)发生安全事故，扣 10 分； (2)材料摆放零乱，扣 5 分； (3)实训结束后，工具不归位，扣 5 分				
合计							
学生在任务完成过程中遇到的问题记录：							

温馨提示：安全文明生产实施倒扣分，即只扣分，不加分；其他项目扣分，错一项扣一项分，但不超过其配分。

任务4 三相异步电动机正反转控制线路的安装与调试

知识储备

正转控制线路只能使电动机朝一个方向旋转，但在生产实践中，许多生产机械往往要求运动部件能向正反两个方向运动，从而实现可逆运行。如机床工作台电动机的前进与后退控制；万能铣床主轴的正反转控制；卷板机辊子的正反转；电梯、起重机的上升与下降控制等。从电动机的工作原理可知，只要改变电动机定子绕组的电源相序，就可以实现电动机的反转。在实际应用中，通常通过两个接触器来改变电源的相序，从而实现电动机的正、反转控制。

1. 接触器联锁正反转控制线路

（1）电气原理图：接触器联锁的正反转控制线路电气原理如图 6-19 所示。

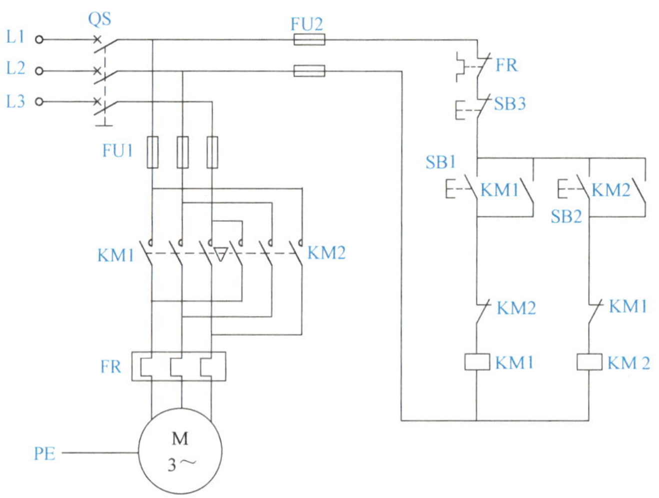

图 6-19 接触器联锁正反转控制线路电气原理

（2）电路中的元件及其作用。

① 电源开关（断路器或刀开关 QS）：在电路中的作用是隔离电源，便于检修。

② 熔断器 FU1：主电路的短路保护。

③ 熔断器 FU2：控制电路的短路保护。

④ 交流接触器 KM1：主触头控制电动机的正转起动与停止，辅助动合触头在电路中起到失电压（零电压）保护和欠电压保护的作用，辅助动断触头与交流接触器 KM2 的辅助动断触头构成联锁，使得 KM1 线圈和 KM2 线圈不能同时得电。

⑤ 交流接触器 KM2：主触头控制电动机的反转起动与停止，辅助动合触头在电路中起到失电压（零电压）保护和欠电压保护的作用，辅助动断触头与交流接触器 KM1 的辅助动断触头构成联锁，使得 KM1 线圈和 KM2 线圈不能同时得电。

⑥ 热继电器（FR）：电路的过载保护。

⑦ 按钮（SB）：控制接触器 KM 的线圈得电与失电。图 6-19 中 SB1 为正转起动按钮，SB2 为反转起动按钮，SB3 为停止按钮。

⑧ 电动机（M）：拖动设备运行。

温馨提示：接触器 KM1 和 KM2 的主触头绝不允许同时闭合，否则将造成两相电源短路。为了避免两个接触器 KM1 和 KM2 同时得电动作，就在正反转控制电路中分别串接了对方接触器的一对动断触头，这样当一个接触器得电动作时，通过其动断触头使另一个接触器不能得电动作，接触器间这种相互制约的作用称为接触器联锁（或互锁）。实现联锁作用的动断触头称为联锁触头（或互锁触头），联锁符号用“▽”表示。

（3）工作原理。

① 正转起动：

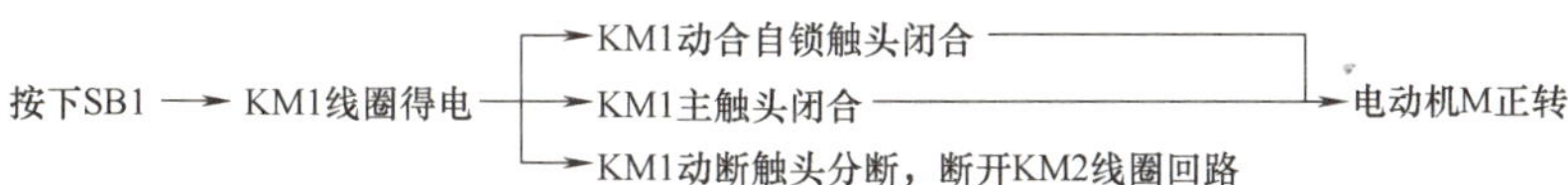

② 反转起动：

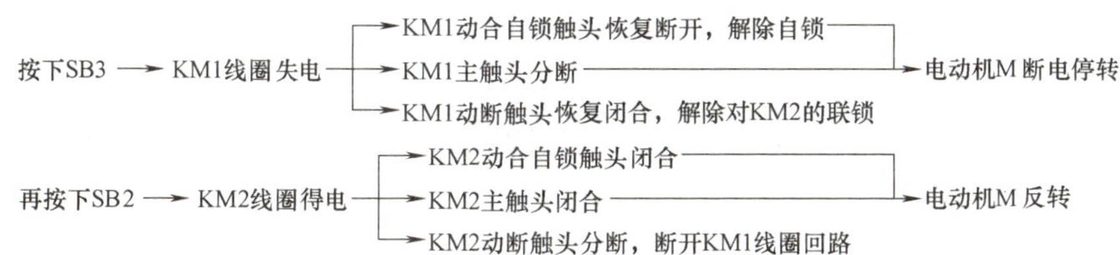

③ 停止控制：

按下SB3 ⟶ KM1或KM2线圈失电 ⟶ KM1或KM2主触头分断 ⟶ 电动机M 断电停转

2. 接触器、按钮双重联锁正反转控制线路

电动机要实现正反转控制：将其电源的相序中任意两相对调即可（简称换相），通常是 V 相不变，将 U 相与 W 相对调，为了保证两个接触器动作时能够可靠调换电动机的相序，接线时应使接触器的上口接线保持一致，在接触器的下口调相。由于将两相相序对调，故须确保两个接触器线圈不能同时得电，否则会发生严重的相间短路故障，因此必须采取互锁控制。为安全起见，常采用按钮联锁（机械）和接触器联锁（电气）的双重联锁正反转控制线路，如图 6-20 所示。这样，在机械、电气双重联锁的应用下，电动机的供电系统不可能相间短路，有效地保护了电动机，同时也避免在调相时相间短路造成事故，烧坏接触器。

（1）电气原理图。接触器、按钮双重联锁正反转控制线路电气原理如图 6-20 所示。

（2）电路中的元件及其作用。电路中的元件及其作用与接触器联锁正反转控制电路相同。

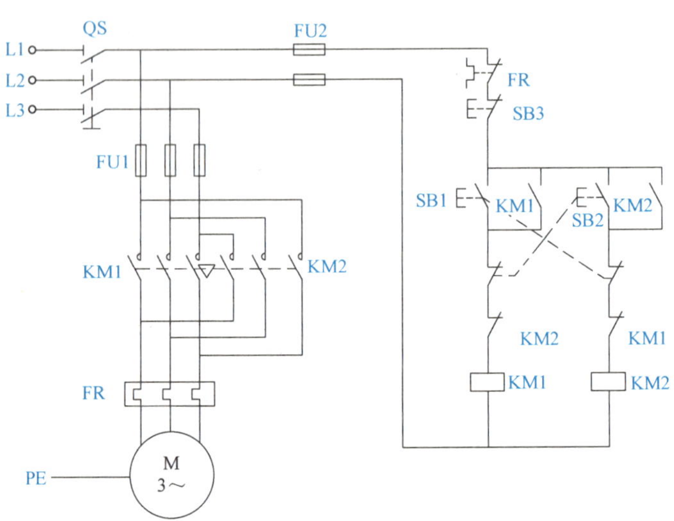

图 6-20　接触器、按钮双重联锁正反转控制线路电气原理

（3）工作原理：先合上电源开关 QS，则

① 正转起动：

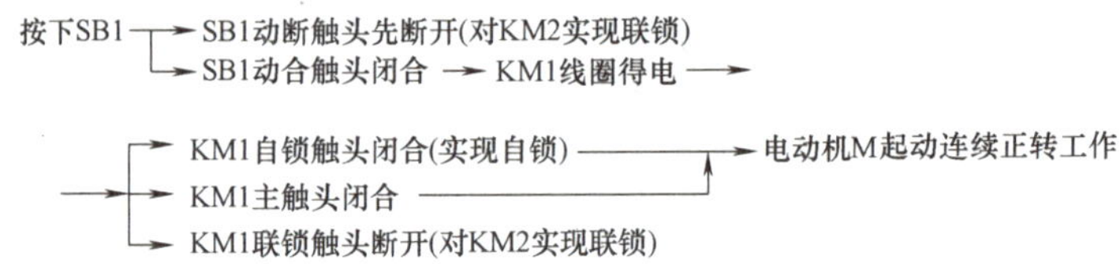

② 反转起动：

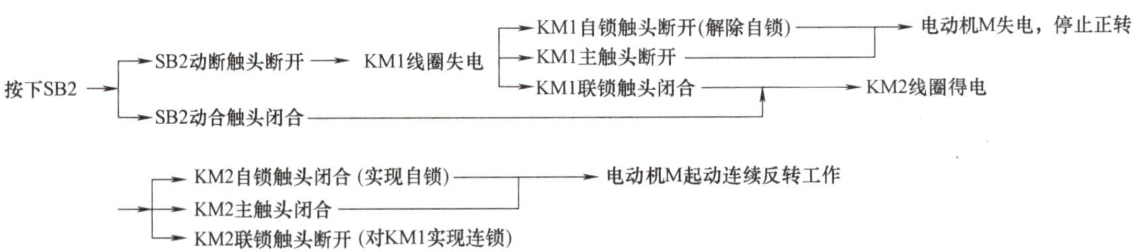

③ 停止控制：

按下 SB3，整个控制电路失电，接触器各触头复位，电动机 M 失电停转

技能训练　三相异步电动机正反转控制线路的安装与调试

一、训练工具、仪表及器材

训练工具、仪表及器材见表 6-14。

表 6-14　训练工具、仪表及器材

名称	数量	名称	数量
75mm 一字螺钉旋具	1 把	75mm 十字螺钉旋具	1 把
150mm 尖嘴钳	1 把	150mm 剥线钳	1 把
电工刀	1 把	低压验电器	1 支
数字万用表	1 只	45cm×100cm 木工板	1 块
AC 380V 插孔电源箱	1 只	LA4-3H 按钮	1 只
黄、绿、红 2.5mm^2 的单股铜芯线	各 2m	Y132M-4(0.75kW)三相笼型异步电动机	1 台
黑色 1.5mm^2 多股铜芯软线	5m	TD-AZ1 端子排	2 只
DZ47-63/3p-32A 低压断路器	1 只	RL1-15/2 熔断器(配熔体 2A)	2 只
RL1-60/25 熔断器(配熔体 25A)	3 只	CJT1-20 交流接触器	2 只
JR36-20 热继电器	1 只	绝缘胶布	1 卷
M5mm×30mm 木螺钉	若干		

二、训练内容

三相异步电动机正反转控制线路的安装与调试。

三相异步电动机接触器、按钮双重联锁正反转控制线路布置如图 6-21 所示。

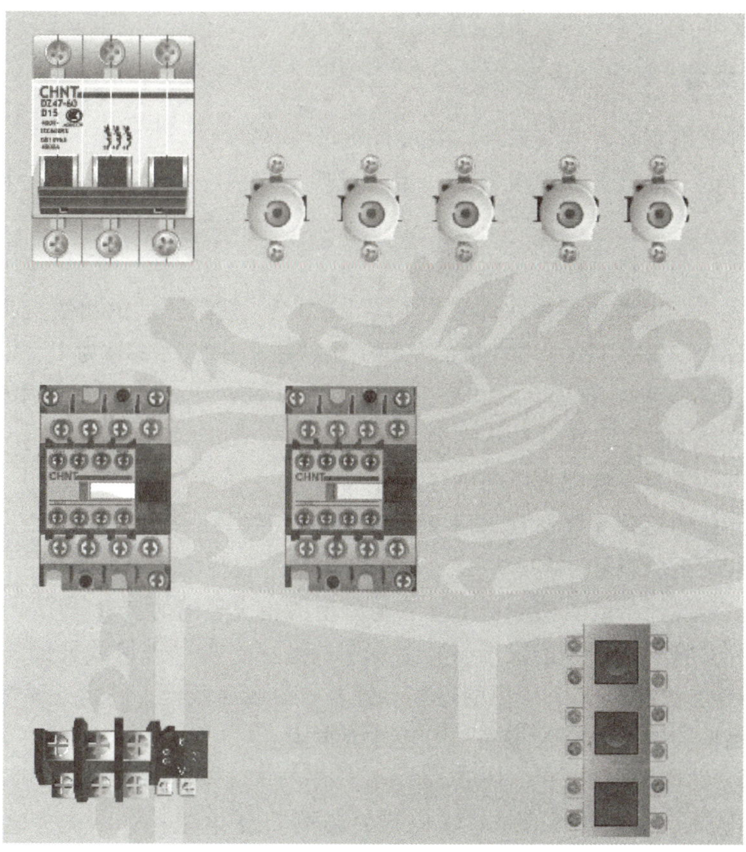

图 6-21　三相异步电动机接触器、按钮双重联锁正反转控制线路布置

三相异步电动机接触器、按钮双重联锁正反转控制线路接线如图6-22所示。

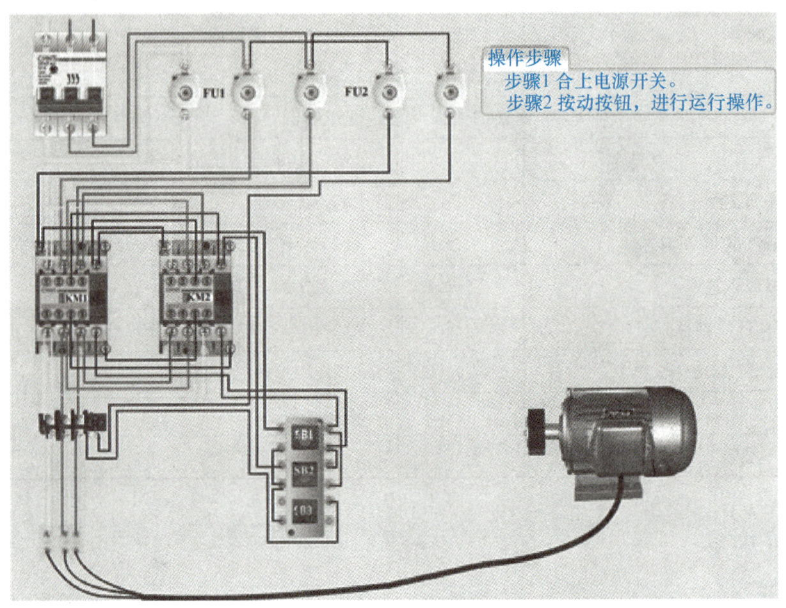

图6-22　电动机接触器、按钮双重联锁正反转控制线路接线

三、训练步骤

（1）按元件明细表配齐电气元件，并进行质量检验。

（2）按原理图上接触器、继电器等的编号顺序，安装在控制箱（板）上，并在醒目处贴上编号。

（3）在电气控制线路原理图上编号。

① 主电路：三相电源相序依次编号为L1、L2、L3；控制开关的出线桩头按三相电源相序依次编号为1L1、1L2、1L3；电动机的三根引出线按相序依次编号为U、V、W。

② 控制电路与照明电路、指示电路：从左至右（或从上至下）逐行用数字依次编号，每经过一个电气元件的接线桩编号要依次递增。

（4）根据电动机容量选配主电路的连接导线。

（5）控制电路的连接导线通常采用BVR1.5mm^2绝缘导线。

（6）按原理图上的编号在各电气元件的醒目处贴上编号标志。

（7）给剥去绝缘层的线头两端套上标有与原理图相应号码的套管。

（8）用尖嘴钳将导线弯成羊眼圈（或绞紧），套（或塞）进接线柱的压紧螺栓上（或孔内），拧紧螺栓，控制箱（板）内的连接导线要求沿底面敷设，转角处要弯成直角。

（9）按线路图检查接线是否正确，安装是否牢固。

（10）自检。

① 检测主电路。将数字万用表的量程开关调至2kΩ电阻档，一支表笔接在FU1输入端，另一支表笔接在三相异步电动机星形联结中性点之间，分别测量三相异步电动机的U

相、V 相、W 相在接触器不动作时的直流电阻，读数应为“∞”；用螺钉旋具将接触器 KM1（或 KM2）的主触头按下，再次测量三相异步电动机的直流电阻，读数应为每相定子绕组的直流电阻值。根据所测数据，判断主电路是否正常。

② 检测控制电路。将数字万用表的量程开关调至 2kΩ 电阻档，两表笔分别搭在 FU2 两输入端，读数应为“∞”；按下按钮 SB1（或 SB2）时，读数应为接触器线圈的直流电阻值；然后松开按钮 SB1（或 SB2），用螺钉旋具将交流接触器 KM1（或 KM2）的主触头按下，读数仍为接触器 KM1（或 KM2）线圈的直流电阻值；最后松开交流接触器 KM1（或 KM2）的主触头，并同时按下按钮 SB1（或 SB2）和 SB3，读数仍为“∞”。根据所测数据，判断控制电路是否正常。

（11）通电试车（必须征得教师同意，并由教师接通三相电源，同时在现场监护）。

① 合上电源开关 QS，用低压验电器检查熔断器出线端，氖气管亮说明电源接通。

② 按下 SB1，电动机得电运转，观察电动机运行是否正常，若有异常现象应马上停车。

③ 按下 SB2，电动机先停转，然后迅速朝相反的方向运行，观察电动机运行是否正常，若有异常现象，应马上停车。

④ 按下 SB3，电动机停止运行。

（12）切断电源。

切断电源时，应先拆除三相电源线，再拆除电动机接线。

温馨提示：

（1）连接 KM1 和 KM2 主触点的六根接线必须正确，否则不能换相或主电路中两相电源短路。

（2）接触器的联锁触头接线必须正确，否则将会造成主电路中两相电源短路事故。

（3）电动机应放平稳，防止在可逆运转时产生滚动事故。

（4）起动电动机时，在按下起动按钮 SB1（或 SB2）的同时，右手必须按在停止按钮 SB3 上，以保证万一出现故障时，可立即按下 SB3 停车，防止事故扩大。

四、任务评价

三相异步电动机接触器、按钮双重联锁正反转控制的安装与调试评价见表 6-15。

表 6-15　三相异步电动机接触器、按钮双重联锁正反转控制的安装与调试评价

班级			学号		姓名		
序号	评价内容	配分	评分标准	评价结果/分			综合得分
				自评	小组评	教师评	
1	装前检查	5	电气元件漏检或错检，每处扣2分				
2	元件安装	10	（1）不按电气布置图安装，扣5分； （2）元件安装错误、不牢固、布置不整齐、不匀称、不合理，每处扣5分； （3）损坏元件，扣10分				

（续）

班级			学号			姓名	
序号	评价内容	配分	评分标准	评价结果/分			综合得分
				自评	小组评	教师评	
3	布线	35	（1）不按电路图接线，扣20分； （2）接点松动、反圈、导线露铜过长、压绝缘层、漏接导线或接线错误，每处扣5分； （3）布线不平整、不紧贴安装面、过道多、不集中、有斜线、有交叉、架空线过长，主电路、控制电路不分类集中，每处扣5分； （4）损伤导线绝缘或线芯，每处扣5分				
4	通电试车	30	（1）热继电器电流整定值未整定，扣10分； （2）主电路、控制电路配错熔体，每个扣10分； （3）试车操作顺序错误，每次扣10分； （4）第一次试运行不成功扣20分，第二次试运行不成功扣30分				
5	同组协作	20	互相帮助、共同学习				
6	安全文明生产	只扣分，不加分	（1）发生安全事故，扣10分； （2）材料摆放零乱，扣5分； （3）实训结束后，工具不归位，扣5分				
合计							

学生在任务完成过程中遇到的问题记录：

温馨提示：安全文明生产实施倒扣分，即只扣分，不加分；其他项目扣分，错一项扣一项分，但不超过其配分。

任务5　三相异步电动机位置控制与自动往返控制线路的安装与调试

知识储备

在生产过程中，一些生产机械运动部件的行程或位置要受到限制，或者需要其运动部件在一定范围内自动往返循环等。如在摇臂钻床、万能铣床、镗床、桥式起重机及各种自动或半自动控制机床设备中就经常遇到这种控制要求。

1. 位置控制线路

在许多生产机械中，常需要控制某些机械运动的行程，即某些生产机械的运动位置，像

这种控制生产机械运动行程的位置的方法叫做行程控制，也叫做位置控制。实现生产机械的行程控制，要依靠行程开关，行程开关的作用是将机械信号转换成电信号以控制电动机的工作状态，从而控制运动部件的行程。

（1）电气原理图。位置控制线路电气原理如图 6-23 所示。

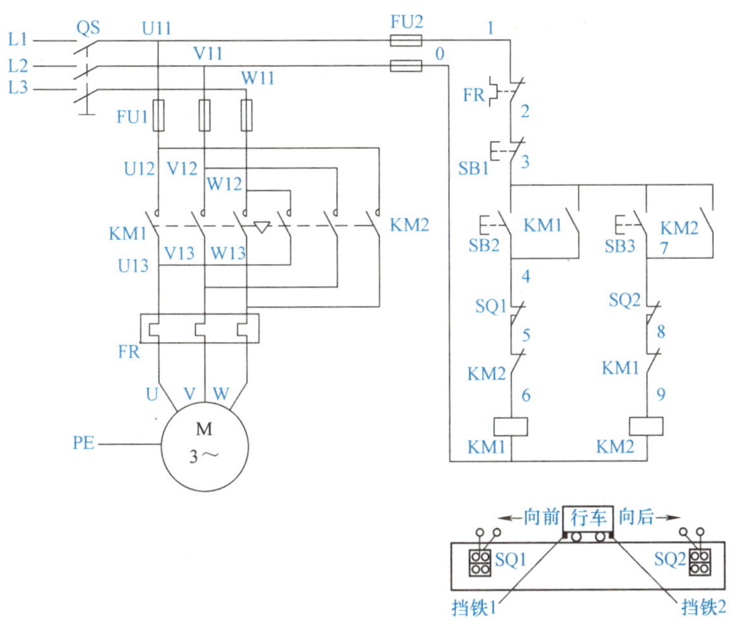

图 6-23　位置控制线路电气原理

工厂车间里的行车常采用图 6-23 所示的线路。右下角是行车运动示意图，行车的两头终点处各安装一个行程开关 SQ1 和 SQ2，将这两个位置开关的动断触头分别串接在正转控制电路和反转控制电路中。行车前后各装有挡铁 1 和挡铁 2，行车的行程和位置可通过移动行程开关的安装位置来调节。

（2）电路中的元件及其作用。

① 电源开关（低压断路器或刀开关 QS）：在电路中的作用是隔离电源，便于检修。

② 熔断器 FU1：主电路短路保护。

③ 熔断器 FU2：控制电路短路保护。

④ 交流接触器 KM1：主触头控制电动机的正转起动与停止，辅助动合触头在电路中起到失电压（零电压）保护和欠电压保护的作用，辅助动断触头与交流接触器 KM2 的辅助动断触头构成联锁，使得 KM1 线圈和 KM2 线圈不能同时得电。

⑤ 交流接触器 KM2：主触头控制电动机的反转起动与停止，辅助动合触头在电路中起到失电压（零电压）保护和欠电压保护的作用，辅助动断触头与交流接触器 KM1 的辅助动断触头构成联锁，使得 KM1 线圈和 KM2 线圈不能同时得电。

⑥ 热继电器（FR）：电路过载保护。

⑦ 按钮（SB）：控制接触器 KM 的线圈得电与失电。图 6-23 中 SB2 为正转起动按钮，SB3 为反转起动按钮，SB1 为停止按钮。

⑧ 行程开关（SQ）：控制电动机的行程。

⑨ 电动机（M）：拖动设备运行。

（3）工作原理。位置控制线路工作原理与接触器联锁正反转线路工作原理基本相同，不同之处是当电动机拖动设备碰触行程开关 SQ1 或 SQ2 时，电动机也会停止运行。

2. 自动往返控制线路

有些机械生产要求工作台在一定距离内能自动往返，以便对工件进行连续加工，如摇臂钻床的上升和下降控制中，为了使其能自动往返运动，用行程开关的动断触头停止电动机的正向运行，同时用行程开关的动合触头接通反向运行线路，从而实现机械的自动往返运行。

（1）电气原理图。自动往返控制线路电气原理如图 6-24 所示。

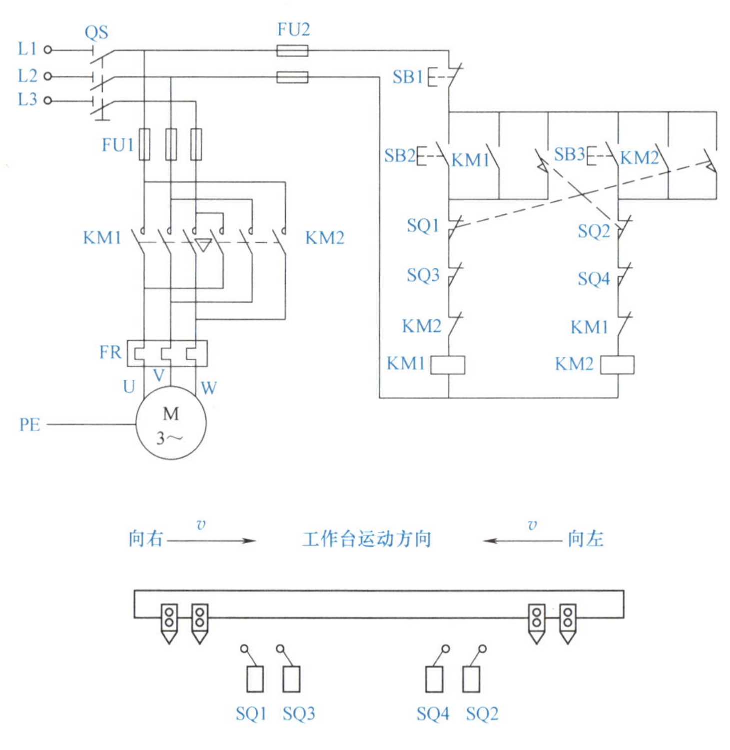

图 6-24　自动往返控制线路电气原理

（2）电路中的元件及其作用。

① 电源开关（低压断路器或刀开关 QS）：在电路中的作用是隔离电源，便于检修。

② 熔断器 FU1：主电路短路保护。

③ 熔断器 FU2：控制电路短路保护。

④ 交流接触器 KM1：主触头控制电动机的正转起动与停止，辅助动合触头在电路中起到失电压（零电压）保护和欠电压保护的作用，辅助动断触头与交流接触器 KM2 的辅助动断触头构成联锁，使得 KM1 线圈和 KM2 线圈不能同时得电。

⑤ 交流接触器 KM2：主触头控制电动机的反转起动与停止，辅助动合触头在电路中起到失电压（零电压）保护和欠电压保护的作用，辅助动断触头与交流接触器 KM1 的辅助动断触头构成联锁，使得 KM1 线圈和 KM2 线圈不能同时得电。

⑥ 热继电器（FR）：电路过载保护。

⑦ 按钮（SB）：控制接触器 KM 的线圈得电与失电。图 6-24 中 SB2 为正转起动按钮，SB3 为反转起动按钮，SB1 为停止按钮。

⑧ 行程开关（SQ）：控制电动机的行程，其中 SQ1、SQ2 被用来自动换接电动机的正反转控制线路，实现工作台的自动往返行程控制；SQ3、SQ4 被用来作终端保护，以防止 SQ1、SQ2 失灵，工作台越过限定位置而造成事故。

⑨ 电动机（M）：拖动设备运行。

（3）工作原理。先合上电源开关 QS，则起动时

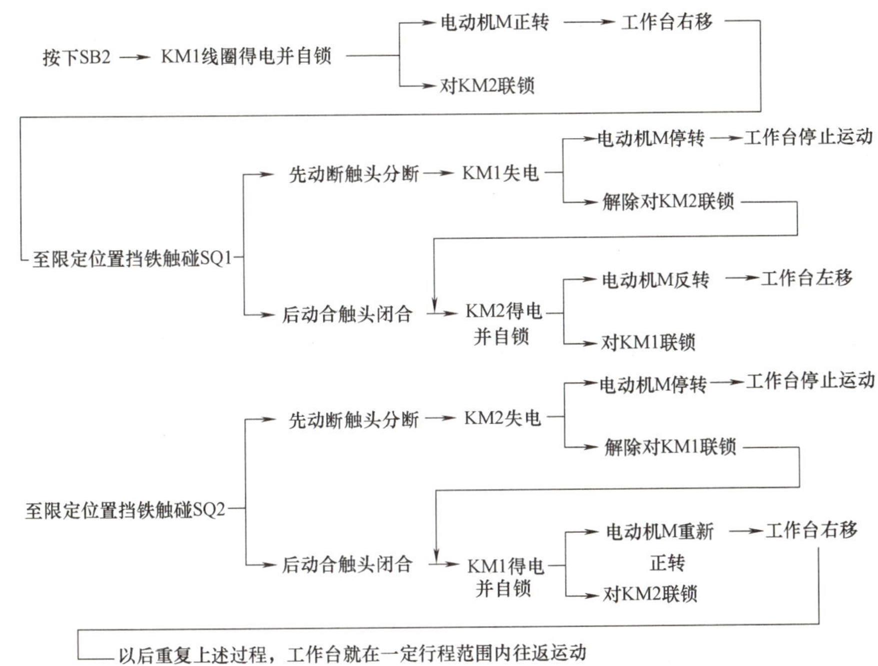

停止时，按下 SB1 ⟶整个控制电路失电⟶KM1（或 KM2）主触头分断⟶电动机 M 失电停止运行⟶工作台停止运动

温馨提示：这里 SB2、SB3 分别为正转起动按钮和反转起动按钮，若起动时工作台在左端，则应按下 SB3 起动；若起动时工作台在右端，则应按下 SB2 起动。

控制原理：为了使电动机的正反转控制与工作台的左右运动相配合，在控制线路中设置了四个位置开关 SQ1、SQ2、SQ3 和 SQ4，并把它们安装在工作台虚限位的地方。在工作台边的 T 形槽中装有两块挡铁，挡铁 1 只能和 SQ1、SQ3 相碰撞，挡铁 2 只能和 SQ2、SQ4 相碰撞。当工作台运动到所限位置时，挡铁碰撞位置开关，使其触头动作，自动换接电动机正反转控制电路，通过机械传动机构使工作台自动往返运动。工作台行程可以通过移动挡铁位置来调节，拉开两块挡铁间的距离，行程就短，反之则长。

技能训练　三相异步电动机自动往返控制线路的安装与调试

一、训练工具、仪表及器材

训练工具、仪表及器材见表 6-16。

表 6-16　训练工具、仪表及器材

名称	数量	名称	数量
75mm 一字螺钉旋具	1 把	75mm 十字螺钉旋具	1 把
150mm 尖嘴钳	1 把	150mm 剥线钳	1 把
电工刀	1 把	低压验电器	1 支
数字万用表	1 只	M5mm×30mm 木螺钉	若干
AC 380V 插孔电源箱	1 只	45cm×100cm 木工板	1 块
黄、绿、红 2.5mm^2 的单股铜芯线	各 2m	LA4-3H 按钮	1 只
黑色 1.5mm^2 多股铜芯软线	10m	Y132M-4(0.75kW)三相笼型异步电动机	1 台
DZ47-63/3p-32A 低压断路器	1 只	TD-AZ1 端子排	2 只
RL1-60/25 熔断器(配熔体 25A)	3 只	RL1-15/2 熔断器(配熔体 2A)	2 只
LX19 行程开关	4 只	CJT1-20 交流接触器	3 只
JR36-20 热继电器	1 只	绝缘胶布	1 卷

二、训练内容

三相异步电动机自动往返控制线路的安装与调试。

三相异步电动机自动往返控制线路布置如图 6-25 所示。

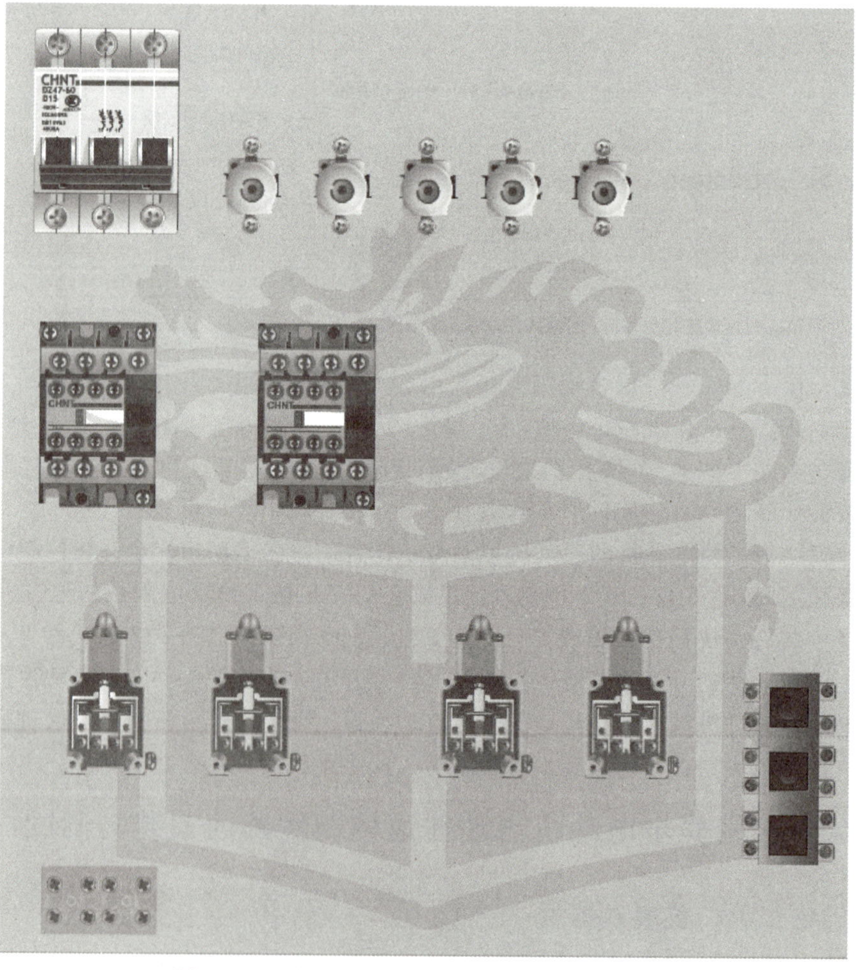

图 6-25　三相异步电动机自动往返控制线路布置

三相异步电动机自动往返控制线路接线如图 6-26 所示。

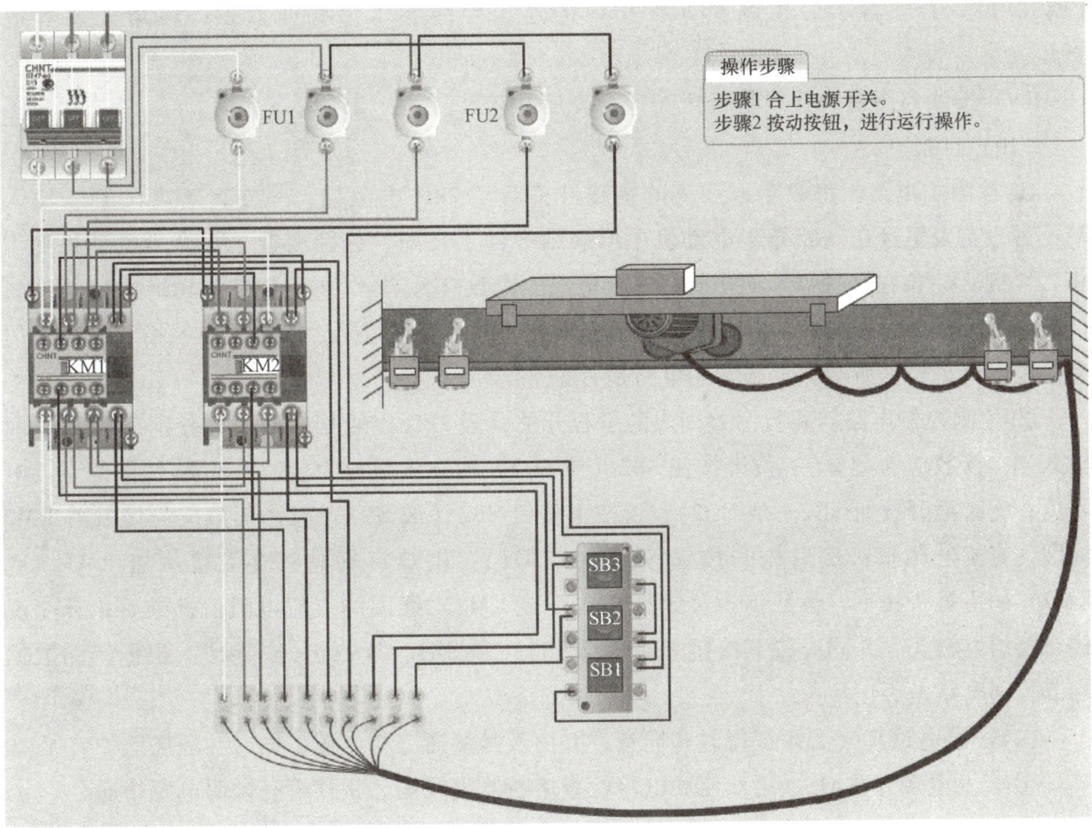

图 6-26　三相异步电动机自动往返控制线路接线

三、训练步骤

（1）按元件明细表配齐电气元件，并进行质量检验。

（2）按原理图上接触器、继电器等的编号顺序，安装在控制箱（板）上，并在醒目处贴上编号。

（3）在电气控制线路原理图上编号。

① 主电路：三相电源相序依次编号为 L1、L2、L3；控制开关的出线桩头按三相电源相序依次编号为 1L1、1L2、1L3；电动机的三根引出线按相序依次编号为 U、V、W。

② 控制电路与照明电路、指示电路：从左至右（或从上至下）逐行用数字依次编号，每经过一个电气元件的接线桩编号要依次递增。

（4）根据电动机容量选配主电路的连接导线。

（5）控制电路的连接导线通常采用 BVR1. 5mm^2 绝缘导线。

（6）按原理图上的编号在各电气元件的醒目处贴上编号标志。

(7) 给剥去绝缘层的线头两端套上标有与原理图相应号码的套管。

(8) 用尖嘴钳将导线弯成羊眼圈（或绞紧），套（或塞）进接线柱的压紧螺栓上（或孔内），拧紧螺栓，控制箱（板）内的连接导线要求沿底面敷设，转角处要弯成直角。

(9) 按线路图检查接线是否正确，安装是否牢固。

(10) 自检。

① 检测主电路。将数字万用表的量程开关调至 2kΩ 电阻档，一支表笔接在 FU1 输入端，另一支表笔接在三相异步电动机星形联结中性点之间，分别测量三相异步电动机的 U 相、V 相、W 相在接触器不动作时的直流电阻，读数应为“∞”；用螺钉旋具将接触器 KM1（或 KM2）的主触头按下，再次测量三相异步电动机的直流电阻，读数应为每相定子绕组的直流电阻值。根据所测数据判断主电路是否正常。

② 检测控制电路。将数字万用表的量程开关调至 2kΩ 电阻档，两表笔分别搭在 FU2 两输入端，读数应为“∞”；按下按钮 SB2（或 SQ2）时，读数应为接触器 KM1 线圈的直流电阻值；此时松开按钮 SB2（或 SQ2），再按下按钮 SB3（或 SQ1）时，读数应为接触器 KM2 线圈的直流电阻值；然后松开按钮 SB3（或 SQ1），用螺钉旋具将交流接触器 KM1（或 KM2）的主触头按下，读数仍为接触器 KM1（或 KM2）线圈的直流电阻值；最后松开交流接触器的主触头，并同时按下按钮 SB2（或 SB3）和 SB1，读数仍为“∞”。根据所测数据判断控制电路是否正常。

(11) 通电试车（必须征得教师同意，并由教师接通三相电源，同时在现场监护）。

① 合上电源开关 QS，用低压验电器检查熔断器出线端，氖气管亮说明电源接通。

② 按下 SB2（或 SB3），电动机得电运转，观察电动机运行是否正常，若有异常现象，应马上停车。

③ 按下 SQ1（或 SQ2），电动机先停转，然后迅速朝相反的方向运行，观察电动机运行是否正常，若有异常现象，应马上停车。

④ 按下 SB1（或 SQ3，或 SQ4），电动机停止运行。

(12) 切断电源。

切断电源时，应先拆除三相电源线，再拆除电动机接线。

温馨提示：

(1) 行程开关必须牢固安装在合适的位置上。安装后必须用手动工作台或受控机械进行试验，合格后才能使用。训练中若无条件进行实际机械安装试验时，可将行程开关安装在控制板下方两侧进行手控模拟试验。

(2) 通电试验时，必须先手动操作行程开关，试验各行程控制和终端保护动作是否正常可靠。

四、任务评价

三相异步电动机自动往返控制线路的安装与调试评价见表 6-17。

表 6-17　三相异步电动机自动往返控制线路的安装与调试评价

班级			学号		姓名		
序号	评价内容	配分	评分标准	评价结果/分			综合得分
				自评	小组评	教师评	
1	装前检查	5	电气元件漏检或错检，每处扣2分				
2	元件安装	10	(1)不按电气布置图安装，扣5分； (2)元件安装错误、不牢固、布置不整齐、不匀称、不合理，每只扣5分； (3)损坏元件，扣10分				
3	布线	35	(1)不按电路图接线，扣20分； (2)接点松动、反圈、导线露铜过长、压绝缘层、漏接导线或接线错误，每处扣5分； (3)布线不平整、不紧贴安装面、过道多、不集中、有斜线、有交叉、架空线过长，主电路、控制电路不分类集中，每处扣5分； (4)损伤导线绝缘或线芯，每处扣5分				
4	通电试车	30	(1)热继电器电流整定值未整定，扣10分； (2)主电路、控制电路配错熔体，每个扣10分； (3)试车操作顺序错误，每次扣10分； (4)第一次试运行不成功扣20分，第二次试运行不成功扣30分				
5	同组协作	20	互相帮助、共同学习				
6	安全文明生产	只扣分，不加分	(1)发生安全事故，扣10分； (2)材料摆放零乱，扣5分； (3)实训结束后，工具不归位，扣5分				
合计							

学生在任务完成过程中遇到的问题记录：

温馨提示：安全文明生产实施倒扣分，即只扣分，不加分；其他项目扣分，错一项扣一项分，但不超过其配分。

任务6　三相异步电动机顺序控制与多地控制线路的安装与调试

知识储备

1. 顺序控制线路

在多台电动机的生产机械上，各电动机所起的作用是不同的，有时需要按一定的顺序起动或停止，才能保证操作过程的合理和工作的安全可靠。如X62W型万能铣床上要求主轴电动机起动后，进给电动机才能起动；M7120型平面磨床的冷却泵电动机，要求当砂轮电动机起动后才能起动。像这种要求几台电动机的起动或停止必须按一定的先后顺序来完成的控制方式，叫做电动机的顺序控制。

（1）主电路实现顺序控制。在主电路中实现顺序控制的电气原理如图6-27所示。电动机M1和M2分别通过接触器KM1和KM2来控制，接触器KM2的主触头接在接触器KM1触头的下面，这样保证了当KM1主触头闭合、电动机M1起动运转后，M2才可能接通电源运转。

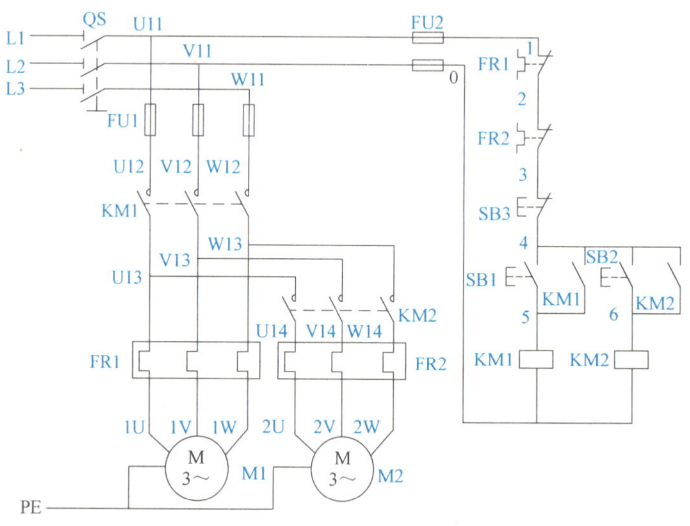

图6-27　主电路实现顺序控制的电气原理

（2）在控制电路中实现顺序控制。在控制电路中实现顺序控制的电气原理图有多种方式，如图6-28所示。电动机M2的控制电路先与接触器KM1的线圈并联后再与KM1的自锁触头串联，这样保证了在M1起动后，M2才能起动的顺序控制要求。

图6-29所示的控制电路电气原理图也可以在控制电路中实现顺序控制线路。这种控制电路在电动机M2的控制电路中串联了接触器KM1的动合辅助触头。显然，只要M1不起动，即使按下SB21，由于KM1的动合辅助触头未闭合，KM2线圈也不能得电，从而保证了

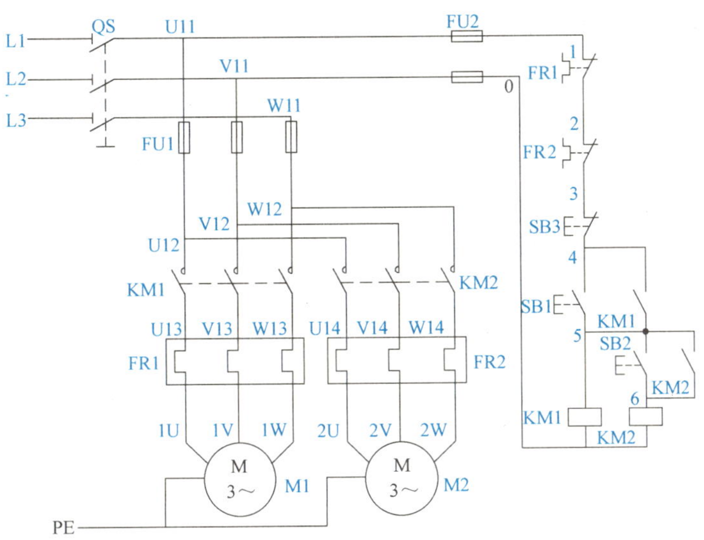

图 6-28　控制电路实现顺序控制的电气原理图 1

M1 起动后，M2 才能起动的控制要求。线路中停止按钮 SB12 控制两台电动机同时停止，SB22 控制 M2 的单独停止。

如图 6-30 所示的控制电路电气原理图也可以在控制电路中实现顺序控制线路。这是两台电动机顺序起动、逆序停转控制的电路图。该电路是在电动机 M2 的控制电路中串联了接触器 KM1 的动合辅助触头。显然，只要 M1 不起动，即使按下 SB21，由于 KM1 的动合辅助触头未闭合，KM2 线圈也不能得电，从而保证了 M1 起动后，M2 才能起动的控制要求。在 SB12 的两端并联了接触器 KM2 的动合辅助触头，从而实现了 M2 停止后，M1 才能停止的控制要求，即 M1、M2 是顺序起动，逆序停止的。

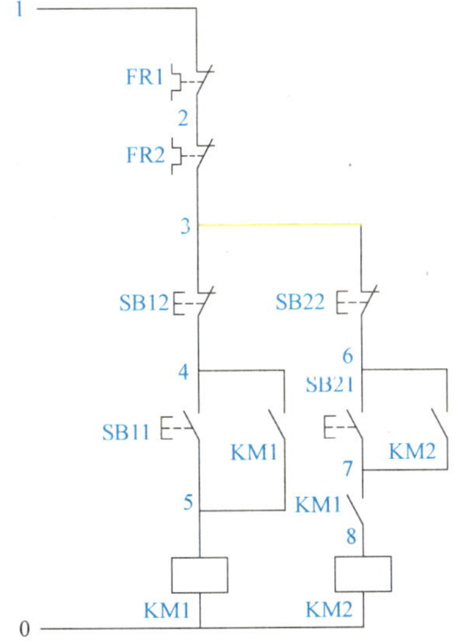

图 6-29　控制电路实现顺序控制的电气原理图 2

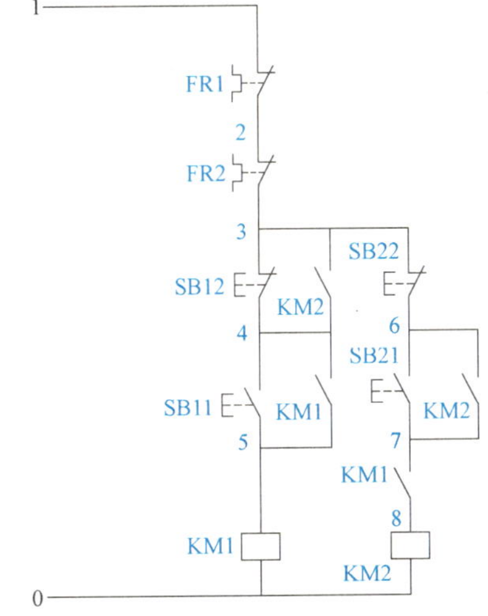

图 6-30　控制电路实现顺序控制的电气原理图 3

温馨提示：三相异步电动机的顺序控制方式有很多，只要掌握了控制电路设计的基本方法，就可以自行设计电路了。

2. 一台电动机多地控制线路

能在两地或多地控制同一台电动机的控制方式叫做电动机的多地控制。其控制原理：多地起动时，将各起动按钮（具有动合触点的按钮）相并联；多地停止时：将各停止按钮（具有动断触点的按钮）相串联。

图 6-31 所示为一台电动机两地控制电路的电气原理图。其特点是：两地的起动按钮 SB11、SB21 要并联接在一起，停止按钮 SB12、SB22 要串联在一起。这样就可以分别在甲地和乙地起动和停止同一台电动机，达到操作方便的目的。

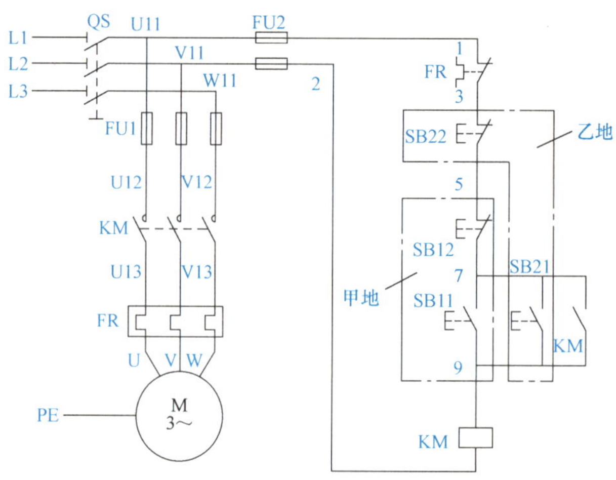

图 6-31　两地控制电路电气原理图

技能训练 1　三相异步电动机顺序控制的安装与调试

一、训练工具、仪表及器材

训练工具、仪表及器材见表 6-18。

表 6-18　训练工具、仪表及器材

名称	数量	名称	数量
75mm 一字螺钉旋具	1 把	75mm 十字螺钉旋具	1 把
150mm 尖嘴钳	1 把	150mm 剥线钳	1 把
电工刀	1 把	低压验电器	1 支
数字万用表	1 只	45cm×100cm 木工板	1 块
AC 380V 插孔电源箱	1 只	LA4-3H 按钮	1 只
黄、绿、红 2.5mm² 的单股铜芯线	各 2m	Y132M-4(0.75kW)三相笼型异步电动机	2 台
黑色 1.5mm² 多股铜芯软线	10m	TD-AZ1 端子排	2 只
DZ47-63/3p-32A 低压断路器	1 只	RL1-15/2 熔断器(配熔体 2A)	2 只
RL1-60/25 熔断器(配熔体 25A)	3 只	CJT1-20 交流接触器	2 只
JR36-20 热继电器	2 只	绝缘胶布	1 卷
M5mm×30mm 木螺钉	若干		

二、训练内容

三相异步电动机顺序控制线路的安装与调试。

三相异步电动机顺序控制如图 6-28 所示，其安装布置如图 6-32 所示。

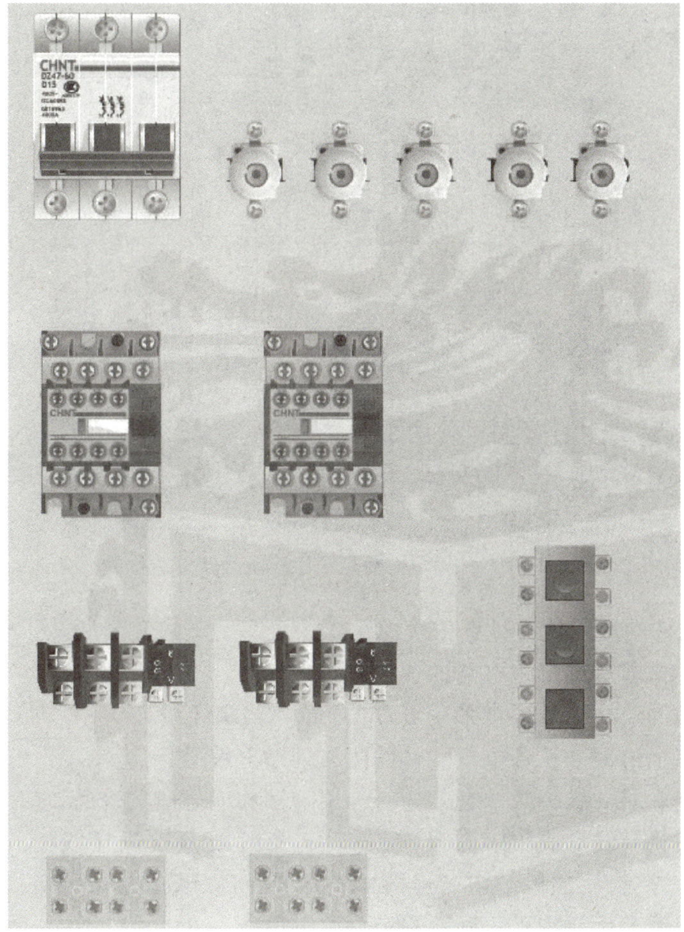

图 6-32 三相异步电动顺序控制线路安装布置

三相异步电动机顺序控制线路安装接线如图 6-33 所示。

三、训练步骤

(1) 按元件明细表配齐电气元件，并进行质量检验。

(2) 按原理图上接触器、继电器等的编号顺序，安装在控制箱（板）上，并在醒目处贴上编号。

(3) 在电气控制线路原理图上编号。

① 主电路：三相电源相序依次编号为 L1、L2、L3；控制开关的出线桩头按三相电源相序依次编号为 1L1、1L2、1L3；两台电动机的各三根引出线分别按相序依次编号为 1U、1V、1W 和 2U、2V、2W。

② 控制电路与照明电路、指示电路：从左至右（或从上至下）逐行用数字依次编号，

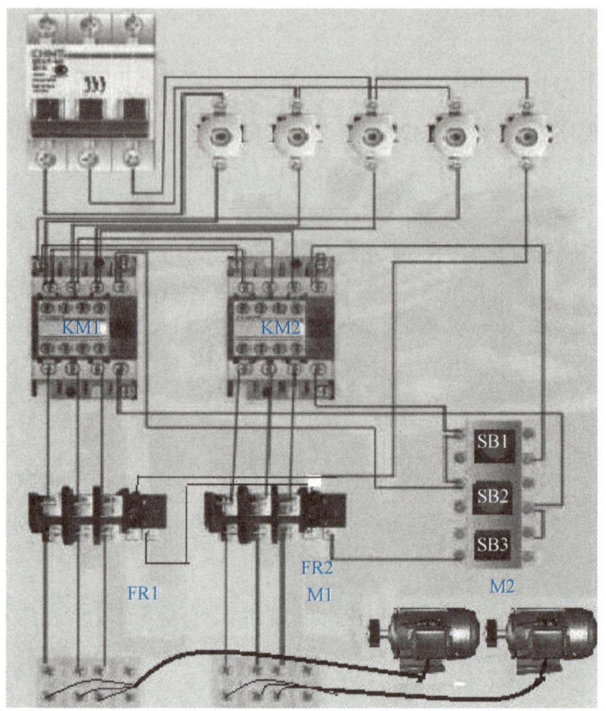

图 6-33 三相异步电动机顺序控制线路安装接线

每经过一个电气元件的接线桩编号要依次递增。

（4）根据电动机容量选配主电路的连接导线。

（5）控制电路的连接导线通常采用 BVR1.5mm^2 绝缘导线。

（6）按原理图上的编号在各电气元件的醒目处贴上编号标志。

（7）给剥去绝缘层的线头两端套上标有与原理图相应号码的套管。

（8）用尖嘴钳将导线弯成羊眼圈（或绞紧），套（或塞）进接线柱的压紧螺栓上（或孔内），拧紧螺栓，控制箱（板）内的连接导线要求沿底面敷设，转角处要弯成直角。

（9）按线路图检查接线是否正确，安装是否牢固。

（10）自检。

① 检测主电路。将数字万用表的量程开关调至 2kΩ 电阻档，一支表笔接在 FU1 输入端，另一支表笔接在三相异步电动机 M1（或 M2）星形联结中性点之间，分别测量三相异步电动机 M1（或 M2）的 U 相、V 相、W 相在接触器不动作时的直流电阻，读数应为"∞"；用螺钉旋具将接触器 KM1（或 KM2）的主触头按下，再次测量三相异步电动机 M1（或 M2）的直流电阻，读数应为每相定子绕组的直流电阻值。根据所测数据，判断主电路是否正常。

② 检测控制电路。将数字万用表的量程开关调至 2kΩ 电阻档，两表笔分别搭在 FU2 两输入端，读数应为"∞"；按下按钮 SB1 时，读数应为接触器 KM1 线圈的直流电阻值；然后松开按钮 SB1，并同时按下交流接触器 KM1 的主触头和按钮 SB2（或交流接触器 KM2 的主触头），读数应为交流接触器 KM1 与 KM2 线圈的并联直流电阻值；最后松开交流接触器 KM1 的主触头和按钮 SB2（或交流接触器 KM2 的主触头），并同时按下按钮 SB1（或 SB2）

和 SB3，读数仍为“∞”。根据所测数据，判断控制电路是否正常。

(11) 通电试车（必须征得教师同意，并由教师接通三相电源，同时在现场监护）。

① 合上电源开关 QS，用低压验电器检查熔断器出线端，氖气管亮说明电源接通。

② 按下 SB1，电动机 M1 得电运转，观察电动机运行是否正常，若有异常现象应马上停车。

③ 按下 SB2，电动机 M2 得电运转，观察电动机运行是否正常，若有异常现象应马上停车。

④ 按下 SB3，电动机 M1 与 M2 全部停止运行。

温馨提示：

(1) 通电试车前，应熟悉线路的操作顺序，即先合上电源开关 QS，然后按下 SB1 后，再按下 SB2 顺序起动；按下 SB3 后，两台电动机全部停止运行。

(2) 通电试车时，注意观察电动机、各电气元件及线路各部分工作是否正常。如有异常，立即停车检查。

(12) 切断电源。

切断电源时，应先拆除三相电源线，再拆除电动机接线。

技能训练 2　三相异步电动机两地控制的安装与调试

一、训练工具、仪表及器材

训练工具、仪表及器材见表 6-19。

表 6-19　训练工具、仪表及器材

名称	数量	名称	数量
75mm 一字螺钉旋具	1 把	75mm 十字螺钉旋具	1 把
150mm 尖嘴钳	1 把	150mm 剥线钳	1 把
电工刀	1 把	低压验电器	1 支
数字万用表	1 只	45cm×100cm 木工板	1 块
AC 380V 插孔电源箱	1 只	LA4-2H 按钮	2 只
黄、绿、红 2.5mm^2 的单股铜芯线	各 2m	Y132M-4(0.75kW)三相笼式异步电动机	2 台
黑色 1.5mm^2 多股铜芯软线	10m	TD-AZ1 端子排	2 只
DZ47-63/3p-32A 低压断路器	1 只	RL1-15/2 熔断器(配熔体 2A)	2 只
RL1-60/25 熔断器(配熔体 25A)	3 只	CJT1-20 交流接触器	1 只
JR36-20 热继电器	1 只	绝缘胶布	1 卷
M5mm×30mm 木螺钉	若干		

二、训练内容

三相异步电动机两地控制线路的安装与调试。

三相异步电动机两地控制布置如图 6-34 所示。

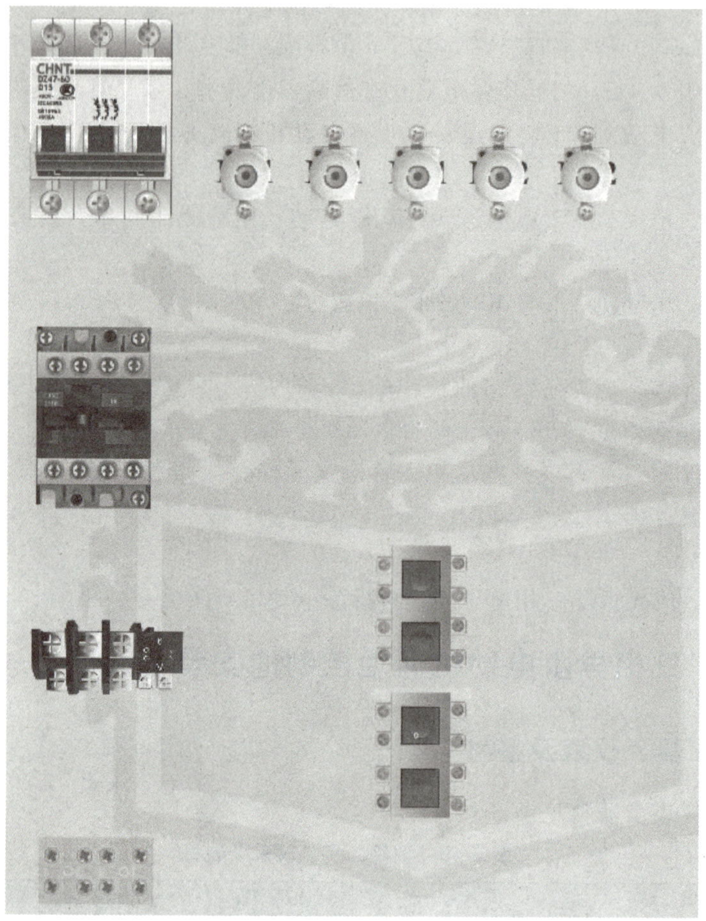

图 6-34　三相异步电动两地控制线路安装布置

三相异步电动机两地控制线路安装接线如图 6-35 所示。

温馨提示：

(1) 安装时应将两地的启动按钮 SB11、SB21 并联接在一起；停止按钮 SB12、SB22 串联在一起。

(2) 通电试车时，先在一处起动和停止电动机，然后再在另一处起动和停止电动机，注意观察电动机、各电气元件及线路各部分工作是否正常。如有异常，立即停车检查。

三、训练步骤

(1) 按元件明细表配齐电气元件，并进行质量检验。

(2) 按原理图上接触器、继电器等的编号顺序，安装在控制箱（板）上，并在醒目处贴上编号。

(3) 在电气控制线路原理图上编号。

① 主电路：三相电源相序依次编号为 L1、L2、L3；控制开关的出线桩头按三相电源相序依次编号为 1L1、1L2、1L3；电动机的三根引出线按相序依次编号为 U、V、W。

② 控制电路与照明电路、指示电路：从左至右（或从上至下）逐行用数字依次编号，

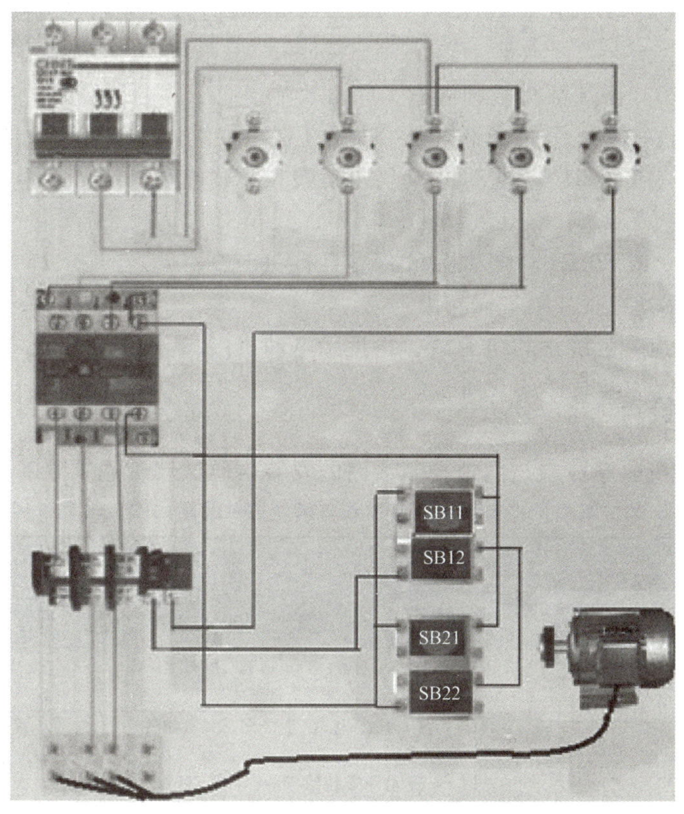

图 6-35　三相异步电动机两地控制线路安装接线

每经过一个电气元件的接线桩编号要依次递增。

（4） 根据电动机容量选配主电路的连接导线。

（5） 控制电路的连接导线通常采用 BVR 1.5mm^2 绝缘导线。

（6） 按原理图上的编号在各电气元件的醒目处贴上编号标志。

（7） 给剥去绝缘层的线头两端套上标有与原理图相应号码的套管。

（8） 用尖嘴钳将导线弯成羊眼圈（或绞紧），套（或塞）进接线柱的压紧螺栓上（或孔内），拧紧螺栓，控制箱（板）内的连接导线要求沿底面敷设，转角处要弯成直角。

（9） 按线路图检查接线是否正确，安装是否牢固。

（10） 自检。

① 检测主电路。将数字万用表的量程开关调至 2kΩ 电阻档，一支表笔接在 FU1 输入端，另一支表笔接在三相异步电动机星形联结中性点之间，分别测量三相异步电动机的 U 相、V 相、W 相在接触器不动作时的直流电阻，读数应为“∞”；用螺钉旋具将接触器 KM 的主触头按下，再次测量三相异步电动机的直流电阻，读数应为每相定子绕组的直流电阻值。根据所测数据判断主电路是否正常。

② 检测控制电路。将数字万用表的量程开关调至 2kΩ 电阻档，两表笔分别搭在 FU2 两输入端，读数应为“∞”；按下按钮 SB11（或 SB21）时，万用表读数应为交流接触器 KM 线圈的直流电阻值；然后松开按钮 SB11（或 SB21），用螺钉旋具将交流接触器 KM 的主触头按下，读数仍为接触器 KM 线圈的直流电阻值；最后松开交流接触器 KM 的主触头，并同

时按下按钮 SB11（或 SB21）和 SB12（或 SB22），读数仍为“∞”。根据所测数据判断控制电路是否正常。

（11）通电试车（必须征得教师同意，并由教师接通三相电源，同时在现场监护）。

① 合上电源开关 QS，用低压验电器检查熔断器出线端，氖气管亮说明电源接通。

② 按下 SB11（或 SB21），电动机 M 得电运转，观察电动机运行是否正常，若有异常现象应马上停车。

③ 按下 SB12（或 SB22），电动机 M 停止运行。

（12）切断电源。

切断电源时，应先拆除三相电源线，再拆除电动机接线。

四、任务评价

三相异步电动机顺序控制与两地控制线路的安装与调试评价见表 6-20。

表 6-20　三相异步电动机顺序控制与两地控制线路的安装与调试评价

班级			学号		姓名		
序号	评价内容	配分	评分标准	评价结果/分			综合得分
				自评	小组评	教师评	
1	装前检查	5	电气元件漏检或错检，每处扣2分				
2	元件安装	10	(1)不按电气布置图安装，扣5分； (2)元件安装错误、不牢固、布置不整齐、不匀称、不合理，每只扣5分； (3)损坏元件，扣10分				
3	布线	35	(1)不按电路图接线，扣20分； (2)接点松动、反圈、导线露铜过长、压绝缘层、漏接导线或接线错误，每处扣5分； (3)布线不平整、不紧贴安装面、过道多、不集中、有斜线、有交叉、架空线过长，主电路、控制电路不分类集中，每处扣5分； (4)损伤导线绝缘或线芯，每处扣5分				
4	通电试车	30	(1)热继电器电流整定值未整定，扣10分； (2)主电路、控制电路配错熔体，每个扣10分； (3)试车操作顺序错误，每次扣10分； (4)第一次试运行不成功扣20分，第二次试运行不成功扣30分				
5	同组协作	20	互相帮助、共同学习				
6	安全文明生产	只扣分，不加分	(1)发生安全事故，扣10分； (2)材料摆放零乱，扣5分； (3)实训结束后，工具不归位，扣5分				
合计							
学生在任务完成过程中遇到的问题记录：							

温馨提示：安全文明生产实施倒扣分，即只扣分，不加分；其他项目扣分，错一项扣一项分，但不超过其配分。

任务7　三相异步电动机星形/三角形降压起动控制线路的安装与调试

知识储备

1. 笼型异步电动机的起动

电动机从静止状态过渡到稳定运行状态的过程称为起动过程。对三相异步电动机来说，当定子绕组接通三相电源后，转子就开始转动，其起动转矩的大小、起动电流的大小以及由静止到稳定运行所需的起动时间的长短，标志着电动机的起动性能。

对于笼型异步电动机来说，在额定电压下直接起动时，其起动电流可达额定电流的4~7倍，但起动转矩并不大，一般仅为额定转矩的1~1.8倍。起动电流大，将使电网电压显著下降，进而影响接在同一电网上的其他用电设备正常工作。另外，经常需要起动的电动机，往往造成其绕组发热，绝缘老化，从而缩短电动机的使用寿命；起动转矩过小，使得电动机带负载起动能力差。所以，异步电动机起动的中心问题是要减小起动电流，增加起动转矩。

为使异步电动机具有良好的起动性能，可根据实际情况选择适当的起动方法。

（1）笼型异步电动机的直接起动。

所谓直接起动，就是不需要任何起动设备，利用刀开关或接触器将电动机直接投入到具有额定电压的电网。这种起动方法简单，但起动电流大。

一般规定，额定功率低于7.5kW的三相异步电动机允许直接起动；在用电单位有独立变压器且电动机容量小于变压器容量的20%时，也允许直接起动。允许起动的电动机功率，应当根据具体条件和有关要求，在保证安全的条件下确定。随着电网容量的增大和电动机制造工艺的发展，允许直接起动的电动机功率还将不断提高。一般可按经验公式判断，即

$$\frac{I_{st}}{I_N} \leqslant \frac{3}{4} + \frac{\text{公用变压器容量}}{4\times\text{起动电动机额定功率}}$$

式中，I_{st}为电动机的起动电流；I_N为电动机的额定电流。

满足上式的，就可以直接起动，否则就要采取其他措施。

（2）笼型异步电动机的降压起动。

所谓降压起动，是利用起动设备将电压适当减小后，加到电动机定子绕组上进行起动，待电动机起动完毕后，再使电压恢复到额定值。此时，降压起动电流随电压降低成正比关系减小，但起动转矩随电压降低成平方关系减小，所以降压起动只适用于空载或轻载下起动的电动机。异步电动机降压起动的方法主要有：自耦变压器降压起动、星形/三角形（Y/△）

降压起动和在定子电路中串电阻（或电抗）降压起动。

① 自耦变压器降压起动。图 6-36 为自耦变压器降压起动电路图，电动机起动时，将开关 QS2 放在起动位置，电动机的起动电流就按降压自耦变压器的一、二次电流比关系减小；而降压自耦变压器的一次电流又按电流比关系减小，所以电源供给的起动电流将按电流比的平方成反比减小，达到限制电流起动的目的。待电动机转速稳定后，再将开关 QS2 很快转接到运行位置，恢复到电源电压使电动机正常工作。

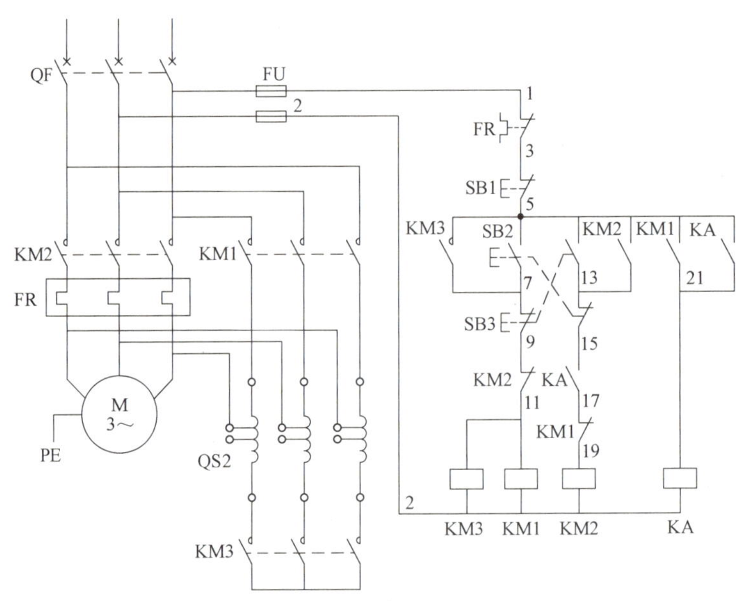

图 6-36　自耦变压器降压起动电路

为了得到不同的起动转矩，自耦变压器二次绕组一般备有几个接头，可以根据容许的起动电流和需要的起动转矩选用。

自耦变压器降压起动的优点是自耦变压器的不同抽头可供不同负载起动时选择，适用于星形联结或三角形联结的电动机；缺点是体积大、价格高、质量重。

② 星形/三角形降压起动。星形/三角形降压起动只适用于正常工作时定子绕组接成三角形的电动机，在起动时，把电动机的三相绕组接成星形，当转速接近额定转速时，再把电动机的三相绕组切换成三角形。

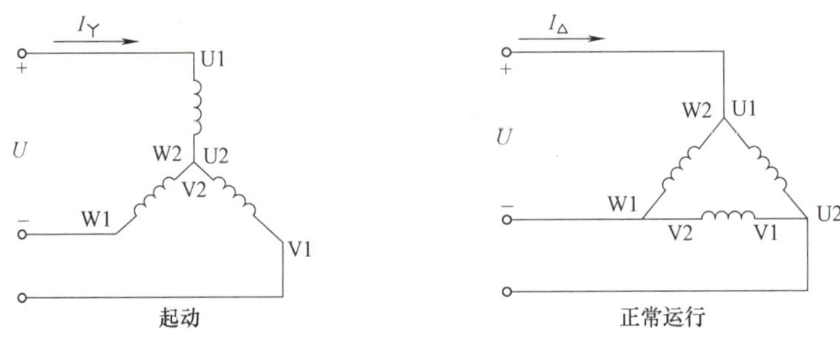

图 6-37　星形/三角形降压起动接线原理

图 6-37 所示为星形/三角形降压起动接线原理。在起动阶段将使电动机绕组接成星形，待起动完毕再将电动机绕组接成三角形。这样电动机在星形联结起动时，定子绕组相电压降为电源电压的 $1/\sqrt{3}$，故电动机的起动电流为三角形联结时相电流的 $1/\sqrt{3}$，线电流的 1/3，即用星形联结起动时电源供给的起动电流减为三角形联结直接起动的 1/3，达到限制起动电流的目的，但起动转矩也同样地减少到 1/3，故此方法不适宜重载起动。

星形/三角形降压起动的优点是设备简单、价格低。一般做成自动切换，应用极为广泛。

③ 定子电路串电阻（或电抗）降压起动。定子电路串入电阻或电抗器限制起动电流，待转速升高、电流下降后，再除去串接的电阻或电抗器，使电动机在额定电压下工作。这种降压起动方法适用于不频繁起动的电动机。

定子电路串入电阻（或电抗）降压起动，由于在串联电阻上有电能的损耗，一般使用电抗器以减少电能的损耗，但电抗器体积、成本都较大，已很少使用。

2. 星形/三角形降压起动控制线路

（1）电气原理图

时间继电器控制的星形/三角形降压起动电气原理如图 6-38 所示。

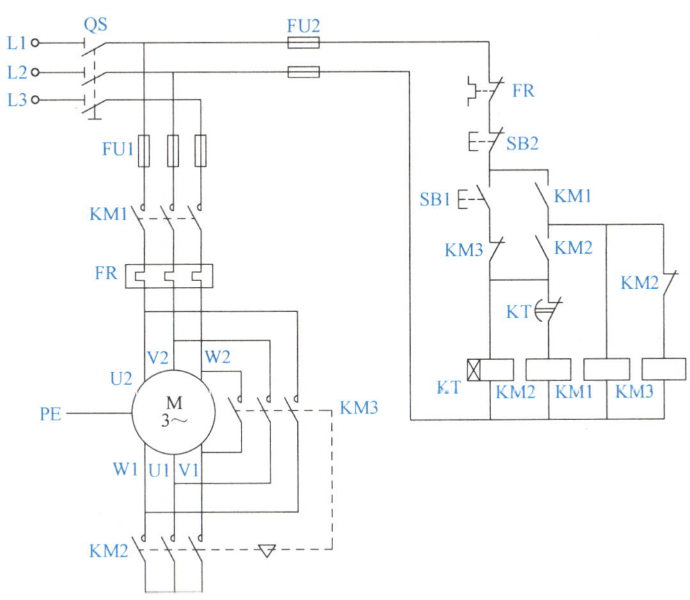

图 6-38　星形/三角形降压起动控制电气原理

（2）电路中的元件及其作用

① 电源开关（低压断路器或刀开关 QS）：隔离电源，便于检修。

② 熔断器（FU）：电路的短路保护。

③ 交流接触器（KM）：KM1 主触头控制电动机的起动与停止，辅助动合触头在电路中起到失电压和欠电压保护的作用；KM2 为星形起动时闭合、三角形运行时断开的接触器；KM3 为星形起动时断开、三角形运行时闭合的接触器。

④ 热继电器（FR）：电路过载保护。

⑤ 按钮（SB）：控制接触器 KM 的线圈得电与失电。图 6-38 中 SB1 为起动按钮，SB2 为停止按钮。

⑥ 时间继电器（KT）：时间继电器通电时其辅助触头接通，交流接触器 KM2 线圈得电，一段时间（3~5s）后其辅助触头断开，交流接触器 KM2 线圈失电。

⑦ 电动机（M）：拖动设备运行。

（3）工作原理

合上 QS，则

① Y 起动△运行。

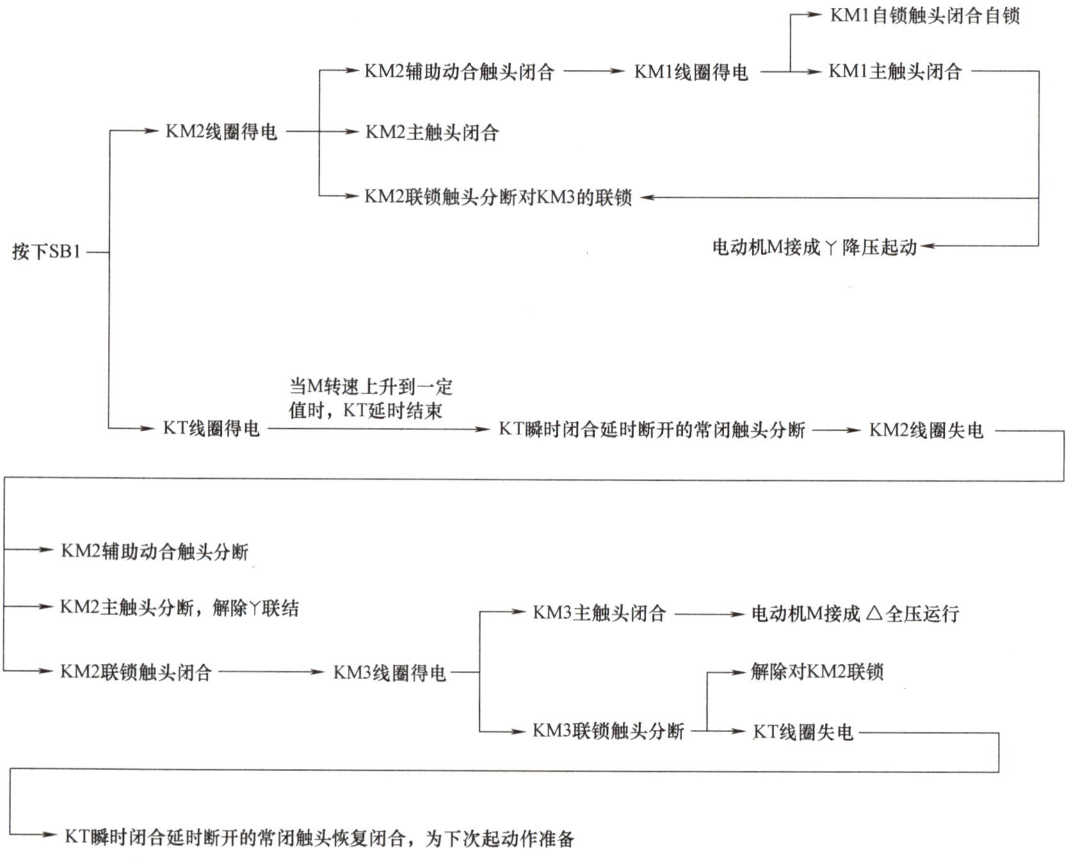

按下SB1
- → KM2线圈得电
  - → KM2辅助动合触头闭合 → KM1线圈得电
    - → KM1自锁触头闭合自锁
    - → KM1主触头闭合
  - → KM2主触头闭合
  - → KM2联锁触头分断对KM3的联锁
  - （KM1主触头闭合、KM2主触头闭合）→ 电动机M接成Y降压起动
- → KT线圈得电 —当M转速上升到一定值时，KT延时结束→ KT瞬时闭合延时断开的常闭触头分断 → KM2线圈失电
  - → KM2辅助动合触头分断
  - → KM2主触头分断，解除Y联结
  - → KM2联锁触头闭合 → KM3线圈得电
    - → KM3主触头闭合 → 电动机M接成△全压运行
    - → KM3联锁触头分断
      - → 解除对KM2联锁
      - → KT线圈失电 → KT瞬时闭合延时断开的常闭触头恢复闭合，为下次起动作准备

② 停车。

按下 SB2 ⟶控制电路断电⟶KM1、KM3 线圈断电释放⟶电动机 M 断电停车。

技能训练　三相异步电动机星形/三角形降压起动控制线路的安装与调试

一、训练工具、仪表及器材

训练工具、仪表及器材见表 6-21。

表 6-21 训练工具、仪表及器材

名称	数量	名称	数量
75mm 一字螺钉旋具	1 把	75mm 十字螺钉旋具	1 把
150mm 尖嘴钳	1 把	150mm 剥线钳	1 把
电工刀	1 把	低压验电器	1 支
数字万用表	1 只	M5mm×30mm 木螺钉	若干
AC 380V 插孔电源箱	1 只	45cm×100cm 木工板	1 块
黄、绿、红 2.5mm^2 的单股铜芯线	各 2m	LA4-2H 按钮	1 只
黑色 1.5mm^2 多股铜芯软线	1m	Y132M-4(0.75kW)三相笼型异步电动机	1 台
DZ47-63/3p-32A 低压断路器	1 只	TD-AZ1 端子排	2 个
RL1-60/25 熔断器(配熔体 25A)	3 只	RL1-15/2 熔断器(配熔体 2A)	2 只
JS1-7 时间继电器	1 只	CJT1-20 交流接触器	3 只
JR36-20 热继电器	1 只	绝缘胶布	1 卷

二、训练内容

三相异步电动机星形/三角形降压起动控制线路的安装与调试。

三相异步电动机星形/三角形降压起动控制线路布置如图 6-39 所示。

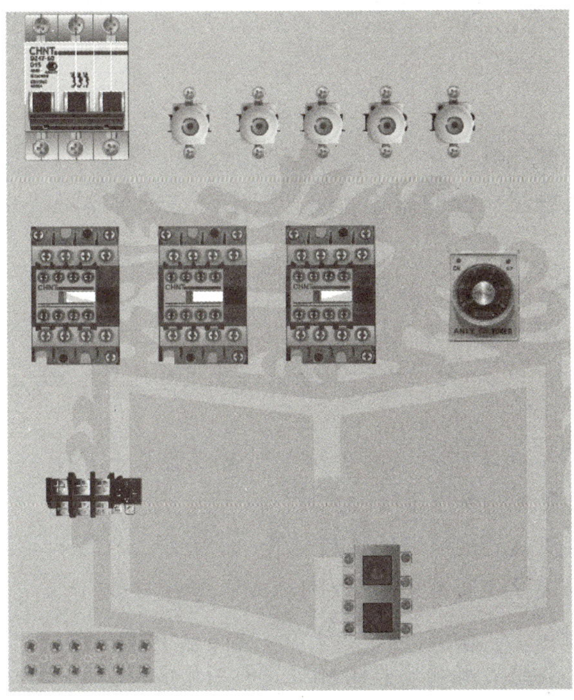

图 6-39 三相异步电动机星形/三角形降压起动控制线路布置

三相异步电动机星形/三角形降压起动控制线路接线如图 6-40 所示。

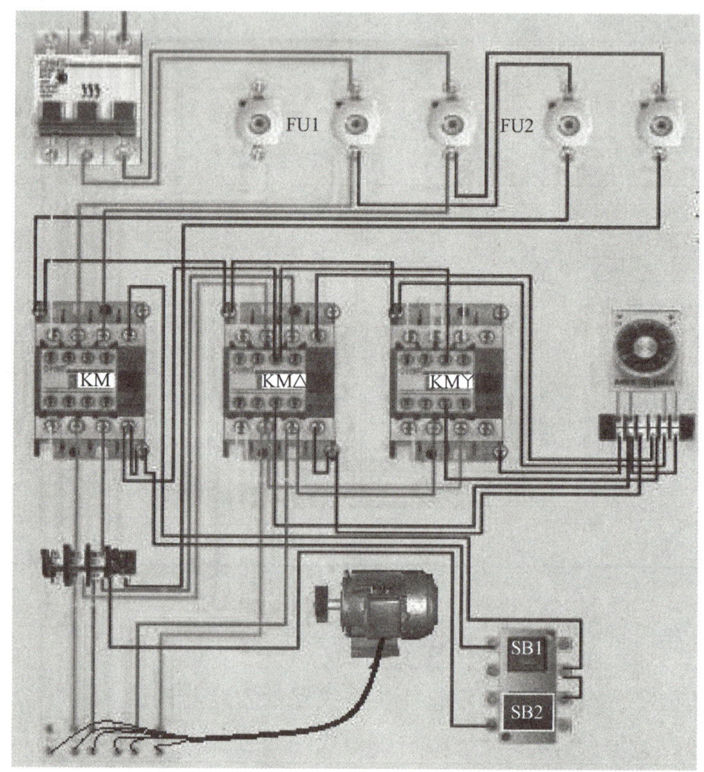

图 6-40 三相异步电动机星形/三角形降压起动控制线路接线

三、训练步骤

（1）按元件明细表配齐电气元件，并进行质量检验。

（2）按原理图上接触器、继电器等的编号顺序，安装在控制箱（板）上，并在醒目处贴上编号。

（3）在电气控制线路原理图上编号。

① 主电路：三相电源相序依次编号为 L1、L2、L3；控制开关的出线桩头按三相电源相序依次编号为 1L1、1L2、1L3；电动机的六根引出线按相序依次编号为 U1、V1、W1、U2、V2、W2。

② 控制电路与照明电路、指示电路：从左至右（或从上至下）逐行用数字依次编号，每经过一个电气元件的接线桩编号要依次递增。

（4）根据电动机容量选配主电路的连接导线。

（5）控制电路的连接导线通常采用 BVR1.5mm^2 绝缘导线。

（6）按原理图上的编号在各电气元件的醒目处贴上编号标志。

（7）给剥去绝缘层的线头两端套上标有与原理图相应号码的套管。

（8）用尖嘴钳将导线弯成羊眼圈（或绞紧），套（或塞）进接线柱的压紧螺栓上（或孔内），拧紧螺栓，控制箱（板）内的连接导线要求沿底面敷设，转角处要弯成直角。

(9) 按线路图检查接线是否正确，安装是否牢固。

(10) 自检。

① 检测主电路。将数字万用表的量程开关调至 2kΩ 电阻档，分别测量 L1—U2、L2—V2、L3—W2 间的电阻，其阻值应为“∞”，用螺钉旋具将接触器 KM1 的主触头按下，再次测量 L1—U2、L2—V2、L3—W2 间的电阻，其阻值应为零；松开接触器 KM1 的主触头，用螺钉旋具将接触器 KM2 的主触头按下，分别测量 W1—U1、U1—V1、V1—W1 间的电阻，其阻值应为零，松开接触器 KM2 的主触头，再次测量 W1—U1、U1—V1、V1—W1 间的电阻，其阻值应为“∞”；用螺钉旋具将接触器 KM3 的主触头按下，分别测量 W1—U2、U1—V2、V1—W2 间的电阻，其阻值应为零，松开接触器 KM3 的主触头，分别测量 W1—U2、U1—V2、V1—W2 间的电阻，其阻值应为“∞”。根据所测数据，判断主电路是否正常。

② 检测控制电路。将数字万用表的量程开关调至 2kΩ 电阻档，两表笔分别搭在 FU2 两输入端，读数应为“∞”；按下按钮 SB1 时，读数应为接触器 KM2 线圈与时间继电器 KT 线圈的并联直流电阻值；此时再按下按钮 SB2，读数仍为“∞”；然后松开按钮 SB1 和 SB2，用螺钉旋具将接触器 KM1 的主触头按下，读数应为接触器 KM1 线圈和接触器 KM3 线圈的并联直流电阻值；最后用螺钉旋具将接触器 KM1 和 KM2 的主触头同时按下，读数应为接触器 KM1 线圈、接触器 KM2 线圈与时间继电器 KT 线圈的并联直流电阻值；此时再按下按钮 SB2，读数仍为“∞”。根据所测数据，判断控制电路是否正常。

(11) 通电试车（必须征得教师同意，并由教师接通三相电源，同时在现场监护）。

1) 合上电源开关 QS，用低压验电器检查熔断器出线端，氖气管亮说明电源接通。

2) 按下 SB1，电动机得电，以星形联结起动，一段时间后呈三角形联结运转，观察电动机起动和运行是否正常，若有异常现象，应马上停车。

3) 按下 SB2，电动机停转，若有异常现象，应马上停车。

(12) 切断电源。

切断电源时，应先拆除三相电源线，再拆除电动机接线。

温馨提示：

(1) 电动机、时间继电器、接线端子板的不带电金属外壳或底板应可靠接地。

(2) 电源进线应接在螺旋式熔断器底座的中心端上，出线应接在螺纹外壳上。

(3) 进行星形/三角形起动控制的电动机，必须是有 6 个出线端子且定子绕组在三角形联结时的额定电压等于三相电源线电压的电动机。

(4) 接线时，要注意电动机的三角形联结不能接错，应将电动机定子绕组的 U2、V2、W2 通过 KM3 接触器分别与 W1、U1、V1 连接，否则，会使电动机在三角形联结时造成三相绕组各接同一相电源或其中一相绕组接入同一相电源而无法工作等故障。

(5) KM2 接触器的进线必须从三相绕组的末端引入，若误将首端引入，则在 KM2 接触器吸合时，会产生三相电源短路事故。

(6) 通电校验前要检查一下熔体规格及各整定值是否符合原理图的要求。

(7) 接通电源前须经教师检查无误后，方可通电。

四、任务评价

三相异步电动机星形/三角形降压起动控制线路的安装与调试评价见表 6-22。

表 6-22　三相异步电动机星形/三角形降压起动控制线路的安装与调试评价

班级			学号		姓名		
序号	评价内容	配分	评分标准	评价结果/分			综合得分
				自评	小组评	教师评	
1	装前检查	5	电气元件漏检或错检，每处扣2分				
2	元件安装	10	(1)不按电气布置图安装，扣5分； (2)元件安装错误、不牢固、布置不整齐、不匀称、不合理，每只扣5分； (3)损坏元件，扣10分				
3	布线	35	(1)不按电路图接线，扣20分； (2)接点松动、反圈、导线露铜过长、压绝缘层，漏接导线或接线错误，每处扣5分； (3)布线不平整、不紧贴安装面、过道多、不集中、有斜线、有交叉、架空线过长，主电路、控制电路不分类集中，每处扣5分； (4)损伤导线绝缘或线芯，每处扣5分				
4	通电试车	30	(1)时间继电器的时间未整定，扣10分； (2)主电路、控制电路配错熔体，每个扣10分； (3)试车操作顺序错误，每次扣10分； (4)第一次试运行不成功扣20分，第二次试运行不成功扣30分				
5	同组协作	20	互相帮助、共同学习				
6	安全文明生产	只扣分，不加分	(1)发生安全事故，扣10分； (2)材料摆放零乱，扣5分； (3)实训结束后，工具不归位，扣5分				
合计							

学生在任务完成过程中遇到的问题记录：

温馨提示：安全文明生产实施倒扣分，即只扣分，不加分；其他项目扣分，错一项扣一项分，但不超过其配分。

任务8 电动机基本控制线路故障检修的一般步骤和方法

知识储备

电气控制线路形式很多，但每一个电气控制线路都是由若干电气基本控制环节组成的，每个基本控制环节是由若干电气元件组成的，而每个电气元件又是由若干零件组成的。但故障往往只是由于某个或某几个电气元件、部件或接线有问题而产生的。因此，只要我们善于学习，善于总结经验，找出规律，在熟悉原理图的基础上，借助一定的工具采用合理的方法和步骤找出故障所在并将其排除即可。

1. 电动机控制线路故障的分类

电动机控制线路故障一般分为自然故障和人为故障两类。

（1）自然故障：由于电气设备在运行时过载、振动、金属屑或油污侵入等原因引起，造成电气绝缘下降、触头熔焊和接触不良、电路接点接触不良、散热条件恶化，甚至发生接地或短路的故障称为自然故障。

（2）人为故障：由于在维修电气故障时没有找到真正原因，基本概念不清，或者修理操作不当，不合理地更换元件或改动线路，或者在安装控制线路时布线错误等原因引起的故障称为人为故障。

2. 电动机控制线路故障检修前的调查

电动机控制线路故障检修前，可以通过“问、看、听、摸、闻”（简称直观法）来发现异常情况，从而找出故障电路和故障所在部位。

问：向现场操作人员了解故障发生前后的情况。如故障发生前是否过载、频繁起动和停止；故障发生时是否有异常声音和振动，是否有冒烟、冒火等现象。

看：仔细查看各种电气元件的外观变化情况。如看触头是否烧融、氧化，熔断器熔体熔断指示器是否跳出，热继电器是否脱扣，导线和线束是否烧焦，热继电器整定值是否合适，瞬时动作整定电流是否符合要求等。

听：主要听有关电器在故障发生前后声音是否有差异。如听电动机起动时是否只“嗡嗡”响而不转；接触器线圈得电后是否噪声很大等。

摸：故障发生后，断开电源，用手触摸或轻轻推拉导线及电气元件的某些部位，以察觉异常变化。如触摸电动机、自耦变压器和电磁线圈表面，感觉湿度是否过高；轻拉导线，看连接是否松动；轻推电气元件活动机构，看移动是否灵活等。

闻：故障出现后，断开电源，将鼻子靠近电动机、自耦变压器、继电器、接触器、绝缘导线等处，闻闻是否有焦味。如有焦味，则表明电气元件绝缘层已被烧坏，主要原因则是过载、短路或三相电流严重不平衡等故障所造成。

温馨提示：直观法检查十分简捷，对检修电气线路与设备故障十分有效。

3. 电气控制线路故障的检修步骤

（1）用试验法观察故障现象。

电气故障现象是多种多样的。例如，同一类故障可能有不同的故障现象，不同类故障可能有同种故障现象，这种故障现象的同一性和多样性，给查找故障带来复杂性。但是，故障现象是检修电气故障的基本依据，是电气故障检修的起点，因而要对故障现象进行仔细观察、分析，找出故障现象中最主要的、最典型的方面，搞清故障发生的时间、地点、环境等。

试验法是在不扩大故障范围、不损坏电气设备和机械设备的前提下，对线路进行通电试验，通过观察电气设备和电气元件的动作，检查各控制环节的动作程序是否符合要求。

（2）分析故障原因——初步确定故障范围、缩小故障部位。

根据故障现象分析故障原因是电气故障检修的关键。分析的基础是电工电子基本理论，对电气设备的构造、原理、性能充分理解，需要将电工电子基本理论与故障实际相结合。某一电气故障产生的原因可能很多，重要的是在众多原因中找出最主要的原因，并运用方法去排除故障。

（3）确定故障的部位——判断故障点。

确定故障部位可理解成确定设备的故障点，如短路点、损坏的元器件等，也可理解成确定某些运行参数的变异，如电压波动、三相不平衡等。确定故障部位是在对故障现象进行周密的考察和细致分析的基础上进行的。在这一过程中，往往要采用下面将要介绍的多种手段和方法。

（4）根据故障点的不同情况，采用正确的检修方法排除故障。

（5）通电空载校验或局部空载校验。

（6）确定故障以排除正常投入运行。

4. 电动机基本控制电路故障检修的方法

控制线路有多种多样，其故障往往和机械、液压、气动系统联系到一起。进行电气故障检修要理论联系实际，根据具体故障作具体分析，但也必须掌握正确的检修方法。常见的检修方法介绍如下。

（1）电阻分阶测量法。在图 6-41 所示线路中，若故障现象为按下起动按钮 SB1 时，接触器 KM 不吸合，说明控制电路有故障。

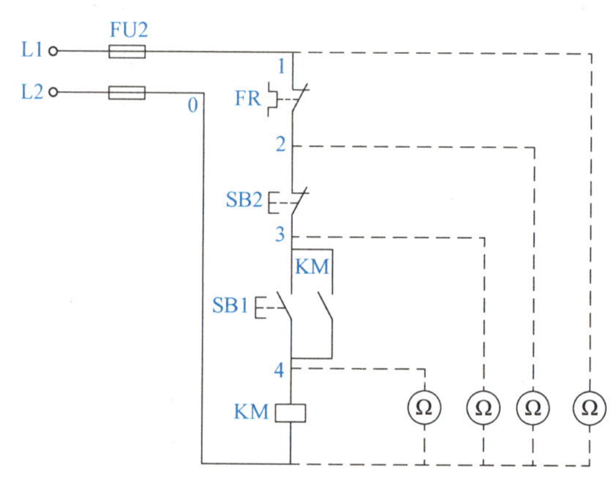

图 6-41　电阻分阶测量法

电阻分阶测量法是在看清故障现象后，断开电源的情况下，用万用表的欧姆档测量线路的直流电阻参数并最终找到故障点的方法。此方法是在断电的情况下操作，相对比较安全，是初学者最常用的检测方法。

测量检查时，在确保熔断器 FU2 良好后切断控制电路电源，把万用表的转换开关置于适当倍率的电阻档，然后一人按下 SB1 不放，另一人用万用表按图 6-41 所示方法依次测量 0—1、0—2、0—3、0—4 两点之间的电阻值，根据测量结果可找出故障点，见表 6-23。

表 6-23　用电阻分阶测量法查找故障点

故障现象	测试状态	0—1	0—2	0—3	0—4	故障点
按下 SB1 时，KM 不吸合	按下 SB1 不放	∞	*R*	*R*	*R*	FR 动断触头或连线断路
		∞	∞	*R*	*R*	SB2 动断触头或连线断路
		∞	∞	∞	*R*	SB1 动合触头接触不良或连线断路
		∞	∞	∞	∞	KM 线圈或连线断路

注：*R* 为 KM 线圈电阻值。

这种测量方法如同下（或上）台阶一样依次测量电阻，所以叫做电阻分阶测量法。

温馨提示：采用电阻分阶测量法时，应先切断电源再进行检修，以免损坏万用表或发生触电事故。

（2）电压分阶测量法。此方法是在控制回路不断电的情况下，采用分阶测量电压的方式检修。

若故障现象仍如电阻分阶测量法中一样。测量检查时，首先把万用表的转换开关置于交流电压 500V 的档位上，断开主电路，接通控制电路的电源（这点与电阻分阶测量法不同），然后按图 6-42 所示方法进行测量。

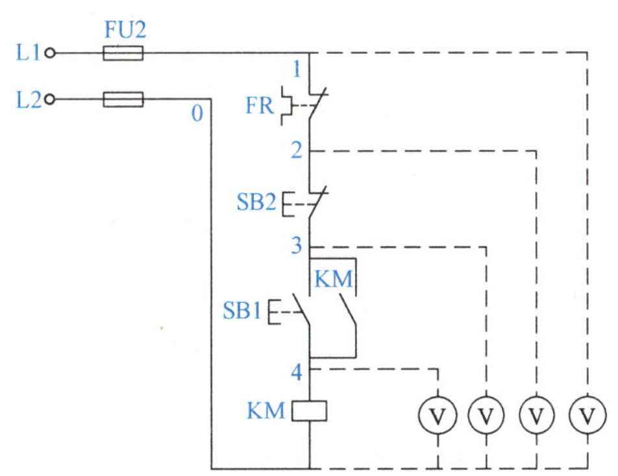

图 6-42　电压分阶测量法

检测时需要两人配合进行。一人先用万用表测量 0 和 1 两点之间的电压，若电压为 380V，则说明控制电路的电源电压正常。然后由另一人按下 SB1 不放，一人把万用表的黑表笔接到 0 点上，万用表红表笔依次接到 2、3、4 各点上，分别测量出 0—2、0—3、0—4 两点间的电压。根据其测量结果即可找出故障点，见表 6-24。

表 6-24　用电压分阶测量法查找故障点

故障现象	测试状态	0—2	0—3	0—4	故障点
按下 SB1 时，KM 不吸合	按下 SB1 不放	0	0	0	FR 动断触头或连线断路
		380V	0	0	SB2 动断触头或连线断路
		380V	380V	0	SB1 动合触头接触不良或连线断路
		380V	380V	380V	KM 线圈或连线断路

温馨提示：采用电压分阶测量法测量时，应注意人体不能碰触万用表表笔的金属部分，查到故障后，应切断电源检修，以免造成触电事故。

（3）短接测量法。用一根绝缘良好的导线将怀疑断路部位短接，分为局部短接法和长短接法两种。图 6-43 所示为局部短接法，用一根绝缘导线分别接 1 和 2、2 和 3、3 和 4 两点，当短接到某两点时接触器 KM 吸合，则断路故障就出在这里。若绝缘导线分别接 1 和 3、2 和 4、1 和 4，这样的短接法称为长短接法。

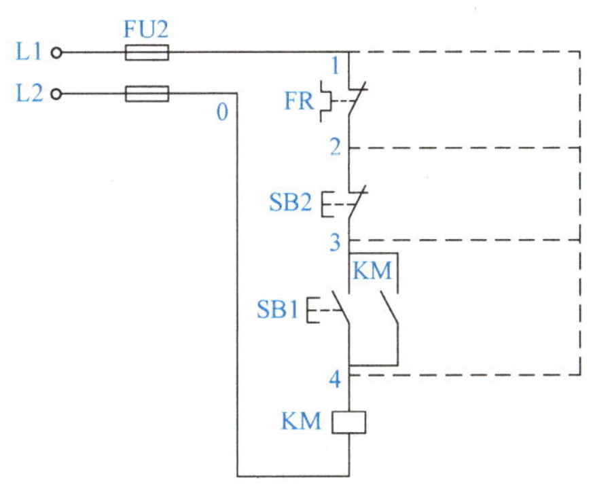

图 6-43　短路测量法

温馨提示：采用短路测量法测量时，应注意人体不能碰触短接线的裸线部分，查到故障后，应切断电源检修，以免造成触电事故。

（4）低压验电器测量法。测量时，用低压验电器按电路图分别测量控制电路中各连接点。正常时用低压验电器测量控制电路中的每一点时，低压验电器中的氖气管都亮（接触器线圈电压为380V）。若测量某点时，低压验电器中的氖气管亮，而测量下一点时，低压验电器中的氖气管不亮，说明这两点之间的线路或元件有故障。

温馨提示：采用低压验电器测量法测量时，应注意人体不能碰触低压验电器的金属部分，查到故障后，应切断电源检修，以免造成触电事故。

5. 故障检修注意事项

（1）在排除故障的过程中，故障分析、排除故障的思路和方法要正确。

（2）用低压验电器检测故障时，必须检查低压验电器是否符合使用要求。

（3）不能随意更改线路及带电触摸电气元件。

（4）仪表使用要正确，以防止引起错误判断。

（5）带电检修故障时，必须由另一名电工在现场监护，并要确保用电安全。

（6）排除故障应尽可能在较短时间内完成，以免给正常生产带来较大影响。

（7）根据故障点的不同情况，采取正确的维修方法排除故障。

（8）检修完毕，进行通电空载试验或局部空载试验。

（9）试验合格，通电正常运行。

技能训练　电动机正反转控制线路故障检修

一、训练工具、仪表及器材

训练工具、仪表及器材见表6-25。

表6-25　训练工具、仪表及器材

名称	数量	名称	数量
75mm 一字螺钉旋具	1把	75mm 十字螺钉旋具	1把
150mm 尖嘴钳	1把	150mm 剥线钳	1把
电工刀	1把	低压验电器	1支
数字万用表	1只	绝缘胶布	1卷
AC 380V 插孔电源箱	1只	接好的正、反转电路板	1块
黑色 $1.5mm^2$ 多股铜芯软线	0.5m	0.75kW 三相笼型异步电动机	1台

二、训练内容

由指导教师在控制电路或主电路中人为设置电气自然故障两处，学生进行检修。

三、训练步骤

（1）用实验法观察故障现象。主要注意观察电动机的运行情况、接触器的动作情况和

线路的工作情况等，如发现异常，应立即断电检查。

(2) 用逻辑分析法缩小故障范围，并在电路图上用虚线标出故障部位的最小范围。

(3) 用测量法正确、迅速地找出故障点。

(4) 根据故障点的不同情况，采用正确的修复方法，迅速排除故障。

(5) 故障排除后通电试车。

四、任务评价

电动机正反转控制线路故障检修评价见表 6-26。

表 6-26　电动机正反转控制线路故障检修评价

班级			学号		姓名		
序号	评价内容	配分	评分标准	评价结果/分			综合得分
				自评	小组评	教师评	
1	识图	10	(1)错误解释文字、图形符号意义,每处扣5分; (2)电路原理不清楚扣5分;				
2	识别设备、材料选择和使用工具	20	(1)不能识别设备、材料型号,每处扣5分; (2)不能识别设备、材料规格,每处扣5分; (3)工具和仪表使用不正确,每次扣5分				
3	故障分析	30	(1)错标或标不出故障范围,每个故障点扣10分; (2)不能标出最小故障范围,每个故障点扣10分				
4	故障点排除	20	(1)每少查出一次故障点扣5分; (2)每少排除一个故障点扣5分				
5	同组协作	20	互相帮助、共同学习				
6	安全文明生产	只扣分,不加分	(1)发生安全事故,扣10分; (2)材料摆放零乱,扣5分; (3)实训结束后,工具不归位,扣5分				
合计							

学生在任务完成过程中遇到的问题记录：

温馨提示：(1) 安全文明生产实施倒扣分，即只扣分，不加分；其他项目扣分，错一项扣一项分，但不超过其配分。

(2) 排除故障时产生新的故障不能自行修复，每处扣10分；已经修复，每处扣5分。

(3) 检修时间为30min，每超过5min，扣10分。

参考文献

[1] 刘靖. 电工技能实训［M］. 北京：机械工业出版社，2011.

[2] 周绍敏. 电工技术基础与技能［M］. 北京：高等教育出版社，2010.

[3] 范国伟. 电工电子技术与技能［M］. 北京：电子工业出版社，2010.

[4] 陈雅萍. 电工技术基础与技能［M］. 北京：高等教育出版社，2010.

[5] 蒋俊祁. 电工技术基础与技能实训指导［M］. 2版. 北京：高等教育出版社，2014.

[6] 陈立周. 电气测量［M］. 5版. 北京：机械工业出版社，2009.

[7] 张树周，王国玉. 机床电气控制基本功［M］. 北京：人民邮电出版社，2013.

[8] 曾祥富，邓朝平. 电工技能与实训［M］. 3版. 北京：高等教育出版社，2011.

[9] 谭强. 常用生产机械电气线路排故［M］. 北京：机械工业出版社，2012.